インプレスR&D [NextPublishing]

New Thinking and New Ways
E-Book / Print Book

世界の再生可能エネルギーと電力システム

安田 陽 著

[電力システム編]

日本と欧州・北米を徹底比較分析

「電力システム」とは何？／日本は世界で一番停電が少ない？
東西で周波数が違うのは特別？
欧米の電力システムはどうなっている？

多くの疑問と
データと

impress
R&D
An impress
Group Company

JN194582

はじめに

　本書「電力システム編」は、「世界の再生可能エネルギーと電力システム」シリーズの第2弾にあたる書籍です。第1弾「風力発電編」では、Q&A方式で風力発電にまつわる誤解と神話を解体しながら、世界と日本の現状、そして両者のギャップを見てきました。そこでは、単に風力発電にまつわる情報を羅列的に紹介するだけでなく、普段我々が「なんとなくの常識」と思っていたことが、実はだいぶ古い情報だったり、昔の時代の考え方だったりと、意外と当てにならないということを見てきました。

　本書では、普段我々が当たり前のように享受している「電力システム（電力系統）」について再考してみます。

　そもそも「電力システム」ってなんでしょうか？　具体的な設備としての電力システムの構成要素であれば、例えば発電所、送電線、変電所、配電線…、などを多くの方が思い浮かべることでしょう。では、電力システムは単にそれらのブツの組み合わせでしょうか？　いやいや、「システム」と名前がついているくらいだから、もう少しインテリジェントに制御された仕組みもありそうです。正確な定義は第2章のコラムで紹介するとして、ここでは単なる設備の寄せ集めではなく、それらが複雑に相互に関連した一つの体系（システム）であるとお考え下さい。

　さて、その電力システムについて、例えば、日本は世界で一番（？）停電が少ない国だということをよく聞きますが、それは本当でしょうか？　日本は国の西と東で周波数が50Hzと60Hzに分かれていますが、それは世界で特殊なのでしょうか？　日本は小さな島国なのに電力会社がたくさんありすぎるのでしょうか？　海外の電力システムはどうなっているのでしょうか？

はじめに　｜　3

本シリーズ第1弾の「風力発電編」ではQ&A方式で話を進めてきました。本書「電力システム編」では、日本で流布している「神話」や「一般常識」を題にとり、それを解体していきます。本書では全体的に日本・欧州・北米の世界の3つの地域の電力システムを比較しながら、できるだけ「外からの視点」で日本の電力システムを俯瞰的に再考していきたいと思います。

　各節のタイトルは全て疑問文になっていますが、必ずしもすべてに答があるわけではありません。そもそも一般に常識だと思わされていることに対して、素朴な疑問を発し、データとエビデンスでそれを検証していくのが本書の役割です。

　既にすっかり我々の生活の一部になっている電力インフラですが、当たり前すぎて「そんなの常識でしょ？」と思っていることも、実はその「常識」がどこからきたのか、よく分からないケースがあります。また、日本の常識が世界の非常識であったり、日本の非常識が世界の常識だったりすることもよくあることです。本書を契機に、電力インフラの重要性を再確認し、それがより良い未来への健全な議論につながれば幸いです。

2018年4月

京都大学大学院 特任教授

安田　陽

目次

はじめに …………………………………………………………………………………… 3

第1章　電力システムの国際動向：意外と知らない世界の電力システム 7
　1.1　日本は小さな島国？ ……………………………………………………… 8
　1.2　一つの国の中で周波数が分かれているのは日本だけ？ ………… 13
　1.3　日本に電力システムはいくつある？ …………………………………… 24
　1.4　日本には狭い国の中でたくさん電力会社がある？ ………………… 32

第2章　電力自由化と発送電分離：「電力会社」を再考する ………… 41
　2.1　「電力会社」は2020年になくなる？ ………………………………… 42
　2.2　海外にも「電力会社」はあるの？ ……………………………………… 49

第3章　停電と電力の安定供給：停電は絶対起こってはならない？ … 65
　3.1　日本は世界で一番停電が少ない？ …………………………………… 66
　3.2　停電を防ぐためには？ …………………………………………………… 72
　3.3　大停電(ブラックアウト)を防ぐには？ ……………………………… 80

第4章　連系線と協調制御：スマートなグリッドとは？ ……………… 91
　4.1　連系線って何のため？ …………………………………………………… 92
　4.2　欧州は「メッシュ型」で日本は「くし型」？ ………………………… 99
　4.3　真にスマートな電力システムとは？ ………………………………… 107

おわりに（何のための国際比較か？） ……………………………… 115
参考資料 ……………………………………………………………………………… 118

著者紹介 ……………………………………………………………………………… 129

第1章　電力システムの国際動向：意外と知らない世界の電力システム

1.1　日本は小さな島国？

日本は小さな島国ですが…

　日本は島国です。世界地図で見ると小さな極東の島です。World Data Bankのデータ[1]によると、日本の面積は36.4万km²です。

　これを欧州や北米と比べてみましょう。欧州連合（EU28ヶ国）の面積423.8万km²や北米（アメリカ合衆国（米国）およびカナダ）の1,824万km²と比べると[1]、その違いは明らかです。日本を基準に比をとると、日本：欧州：北米の比率は1：12：50になります（図1-1-1参照）。日本は小さな小さな島国です。

　では、人口で比べたらどうでしょうか？　同じくWorld Data Bankのデータ[2]によると、2016年の日本の人口が1.3億人に対して、欧州(EU)は5.1億人、北米（米国およびカナダ）は3.6億人なので、比率としては1：4：3となります。図に表すと、図1-1-2のような形になります。

図1-1-1　日本、欧州、北米の国土比較

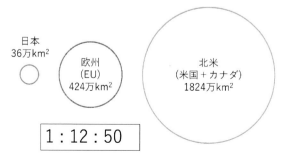

図1-1-2 日本、欧州、北米の人口比較

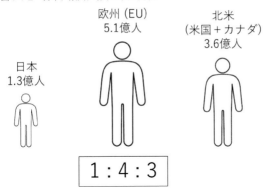

電力システムの規模で比較すると？

さて、本書は電力システムに関してこれから論じていくので、国際比較を行う場合は面積や人口でなく、「電力システムの規模」で比較していきます。「電力の規模」を示す指標はいくつかありますが、例えばその国（地域）が一年間で消費する電力量（年間消費電力量）で比較してみましょう。

国際エネルギー機関(IEA)の統計データ[3]によると、2015年の日本の年間消費電力量は、963 TWh（テラワットアワー = 10億kWh）です。それに対し、欧州（ただしここでは統計データの揃いやすい経済協力開発機構(OECD)に加盟している25ヶ国）は3,136 TWh、北米（米国およびカナダ）は4,428 TWhと記録されています。比率でいうとおおよそ1：3：5となります。視覚的に図示すると、図1-1-3のようなイメージになります。

このように、日本は国土が狭い島国ながらも、他の大国や地域と、そこそこ比肩する電力の規模を持っていることがわかります。地球規模で考えると、日本という小さな島国一国で世界第3位（EUを一つの国と見なすと4番目）の電力量を消費する国なのです。本書では、この日本：欧州：北米＝1：3：5という「規模感」を常に念頭に置いて、話を進めることにします。

図1-1-3 日本、欧州、北米の年間消費電力量比較

再び、日本は小さな島国ですが…

　日本ではよく、「日本は海外と送電線がつながっていない孤立した電力システムだから…」といわれます。このような外部との電気的接続を持たない、あるいは持っていたとしてもその量が極めて小さい電力システムのことを、専門用語で**孤立系統**と言います。

　確かに日本は海で囲まれた完全な孤立系統です。しかしながら、図1-1-3で見た通り、日本は欧州や北米といった広大な面積を持つ他の地域よりもちょっと少ないという程度の電力の規模を有しています。少なくとも桁違いに小さいちっぽけな島国なわけではありません。<u>「日本が孤立系統だ！」ということをどうしても強調するのであれば、欧州も北米も巨大な孤立系統だと主張しなければならないことになります。</u>

　論より証拠で、欧州や北米が隣り合う地域とどの程度、電気的につながっているかを視覚化してみましょう。隣り合うエリア同士を結ぶ送電線は、**連系線**といいます。よく、「連携線」、「連係線」と間違って漢字変換されますが、電力システム（電力系統）同士を連結するので「連系線」です。特に国同士を結ぶ連系線の場合は、**国際連系線**と呼ばれます。

　図1-1-4は、日本、欧州、北米の各地域の隣接エリアへの国際連系線を示した図です。この図では、連系線の容量 (GW) と比較するために、図1-1-3で見た消費電力量 (TWh) とは異なり、各エリアのピーク電力 (GW) の比を四角形の大きさで表しています。各国・各地域のピーク電力をま

とめた国際的な統計データはなかなか見当たらないので、各国・各地域が公表している2016年（日本は2016年度）の統計データから集めてみました（カナダのみ、2016年のピーク電力は公表されていないようなので、予想値を用いています）。

　各エリアのピーク電力は、消費電力量とは単位も異なる違う指標ですが、結果的に日本・欧州・北米の比率はほぼ同じで、やはりおおよそ1：3：5となります。

　また、図の中の連系線の太さは、連系線の容量（正確には年間運用容量の最大値、すなわち現実的に流せる能力）に比例して描いています。

図1-1-4　日本、欧州、北米のピーク電力と連系線容量比較

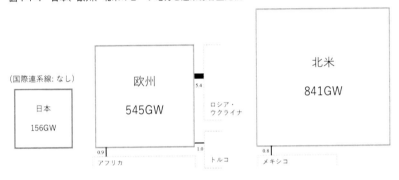

　この図からわかる通り、欧州はロシアやトルコ、アフリカの3つのエリアに隣接していますが、いずれもパイプの太さ（連系線容量）は細く、プールに溜まる水（ピーク電力）の100分の1程度しか外とやり取りできません。北米に至っては、隣接エリアはメキシコしかなく、連系線容量はピーク電力の1,000分の1です。これでは、外部とは一応つながっているとはいえ、孤立系統と呼んでも十分差し支えないレベルです。

　日本は確かに海外との接続を持たない孤立系統ですが、それ自体巨大な電力システムなのです。電力システムの規模が大きくなると、停電の対策などさまざまな点で有利になることがあります（4.1節参照）。その点で、小さな絶海の孤島（例えばハワイなど）の電力システムとは、規模も構成要素も決定的に異なるということをまず念頭に置いておく必要

があります。

　データを見ることで明らかになった通り、電力システムの性質を考えると、

　　①日本は、一国それ自体で欧州や北米に匹敵する規模の巨大な電力システムである。

　　②ハワイなどの小規模孤立系統と日本の電力システムを同一に扱うことはできない。

　　③事実上の孤立系統であるという点では、欧州や北米の電力システムも同じ。

ということがわかります。

　電力の分野では、「日本は海外と送電線でつながっていないので…」という枕詞から始まる主張もしばしば聞かれますが、データとエビデンスで世界の事情も踏まえた上で比較しないと、単に日本特殊論だけを強調して、却って思考停止に陥ってしまう危険性もあります。「日本は小さな島国なので…」「日本は海外と送電線でつながっていないので…」という枕詞には、要注意です。

1.2 一つの国の中で周波数が分かれているのは日本だけ？

国の中で周波数が分かれているのは確かに日本だけだが…

　日本は、国土の東半分が50 Hz、西半分が60 Hzに分かれている世界中でも稀有な国です。図1-2-1に日本の電源周波数のエリアの簡略図を示します。日本のように国土のほぼ半分が異なる電源周波数の地域で分断されているという国は、少なくとも先進国では他に存在しません。…が、しかし。本節で扱うテーマはそれだけでは終わりません。

図1-2-1　日本の主な送電線と電源周波数

第1章　電力システムの国際動向：意外と知らない世界の電力システム

このように電源周波数が分かれている状況は、歴史的には明治維新直後の文明開化まで遡り、東の地域では50 Hzが主流の欧州から、西の地域では60 Hzが主流の米国から発電機を輸入したためと言われていますが、第二次世界大戦前後の国家統制・国策をもってしても国全体での周波数統一は実現せず、今日に至っています。

図1-2-1では50Hzと60Hzの境目のところに3ヶ所、「新信濃周波数変換所」、「佐久間周波数変換所」、「東清水変電所」という表記が見えますが、ここでは50Hzの交流をいったん直流に変換し、それをまた60Hzの交流に変換して西のエリアに送ること（東のエリアに送る場合はその逆）を行っています（直流と交流に関してはコラム参照）。いったん直流に直す、というのがミソです。

2011年の東日本大震災とそれに続く原発事故により、特に東日本地域の電力供給が不足し、一時的に計画停電などの措置が取られたため、「日本の中で2つの周波数で地域が分断されているのはよくない」、「一つに統一すべきだ」という意見も根強く繰り返されます。

一つの国の中で周波数が違うという点で、日本の電力システムは特殊だという主張も多く聞こえます。しかし実は、周波数は同じでも電力システムが国の中で2つ以上に分断されている国や地域は、先進国でもいくつか見られます。

周波数が同じだったとしても…

図1-2-1をもう一度よく見ると、北海道と東北の間に「北本直流連系線」という表記が見えます。連系線とは、隣接するエリア同士を結ぶ送電線のことですが、特にこの**直流連系線**とは、直流で電気を送る送電線です。両岸が同じ50Hz同士なのに、わざわざいったん直流にしてから送っています。交流そのまま送電線をつなげればよいのでは？という考えもありますが、長い距離を交流で送るといろいろと不都合が出てくる場合があるなど、さまざまな理由でこの部分は直流で送電することにメリットがあるという判断が取られました。

この**直流送電**の技術は、トランジスタなどに代表される半導体のスイッチングをうまく組み合わせて擬似的に交流波形を合成できるようにしたもので、**パワーエレクトロクトロニクス**と呼ばれる技術のうちの一つです。直流送電の技術は1970年代頃から日本をはじめ世界各地で実用化されています。トランジスタというとパソコンやスマホに組み込まれたICやLSIの構成要素のように極小のものが連想されますが、送電線レベルの大電流・大電圧でも、交流から直流へ、また直流から交流へと変換する技術も20世紀後半に徐々に進歩してきました。図1-2-2に直流送電の基本的な回路図を示します。

図1-2-2　直流送電と交直変換器

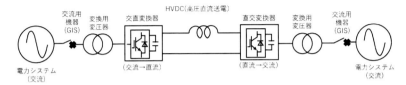

　図1-2-1の北本連系線はこの直流送電技術によるものです。また、東西の異なる周波数のエリアを結ぶ変換所も、いったん直流にしてから違う周波数の交流を生成しているため、「距離がゼロの直流送電」ということもできます。

　多くの人は周波数の違いを気にしがちですが、実際は「交流の送電線でつながっているか」、「直流送電を介しているか」の方が実質的には大事なので、たとえ同じ周波数だったとしても、間に直流連系線が介していれば、同じ電力システムだということはできません。専門用語も若干交えると、交流送電線だけでつながっているエリアは**同期エリア**と呼ばれます（同期エリアについては次節で詳述します）。

　実際、ある同期エリアで例えば「電源周波数が50 Hz」といっても、それはあくまで基準周波数に過ぎません。実際は需要と負荷の微妙なバランスにより、50.01 Hzだったり、49.97 Hzだったりと、時々刻々その周波数は微妙に変化します。同じ50 Hz地域の中でも、北海道と東北の間は直流で「縁切り」されているので、両岸の周波数はピッタリ同じではあ

りません。北海道の周波数が50.02 Hzの時に、東北の周波数が49.99 Hzである場合もあります。

デンマークも国の中で電力システムが分かれる

このように、「周波数が分かれているか?」ではなく「直流連系線を介して繋がっているか?」という観点から他の国を眺めると、周波数は同じでも国の中で電力システムが分かれている国は、実は複数あることが分かります。

日本と同じように、一つの国の中で直流連系線を介して交流の電力システムが分断されている国の代表例は、デンマークです。図1-2-3に示すように、デンマークはユトランド半島およびフュン島などからなるデンマーク西部エリアと、首都コペンハーゲンのあるシュラン島を含むデンマーク東部エリアの2つに電力システムが完全に分断されており、両者が海底送電ケーブルで繋がったのは、なんと2010年になってからのことです。つい最近です。

筆者も複数のデンマークの電力の専門家に、「2010年まで2つの地域が電気的に分断されていたのはなぜですか? 不便はなかったのですか?」と聞いたことがありますが、ほとんどの人が「いや、単に繋ぐ必要がなかったから」と、あっけらかんと答えるのに驚いたことがあります。

デンマークは伝統的に隣接国と自国を結ぶ送電線（国際連系線といいます）の建設には熱心で、西部エリアはノルウェーやスウェーデン、ドイツと連系しており（うちドイツへは交流で連系）、東部エリアはスウェーデンとドイツに連系しています（うちスウェーデンとは交流で連系）。しかし、国内の電力システムが物理的に完全に分断されていてもあまり気にしないようで、自国内の東西を結ぶ送電線は長らく「必要がない」と考えられていました。

さらに筆者が「ではなぜ2010年になって東西を結ぶ必要性ができたのですか?」と訊くと、これまたほぼ全員「それは風力発電がたくさん入ったので、それを東西でやり取りするため」と答えるのも印象的でした。

図1-2-3 デンマークの中の2つのエリア

　2010年にようやく送電ケーブルができて物理的につながったといっても、デンマークの東西では相変わらず電力システムが分かれています。デンマークの電力システムは、西半分はドイツやフランスなど欧州大陸の電力システムに接続されており、一方、東半分は長らくスウェーデンやノルウェーなどの北欧の電力システムに接続されてきました（欧州大陸や北欧の電力システムについては、次節で詳述）。

　両者のエリアは現在でも相互に異なるルールや運用をしているので、そのまま交流で直接つなぐわけにはいかず、両者をつなぐ海底ケーブルではいったん直流に直して送電しています。デンマークの東西の電力システムは、同じ50 Hzの電力システム同士とはいっても両者は分断されており、日本の東北と北海道を結ぶ北本連系線とちょうど同じ状況です。

英国も2つのエリアを持つ

　同様に、英国も国の中で同期エリアが分かれています。図1-2-4に示す

ように、グレートブリテン島とアイルランド島の2つの島の間は2ルートの海底ケーブルで結ばれていますが、一つは英国とアイルランド共和国との国際連系線であり、もう一つはスコットランドと北アイルランドを結ぶため、国内連系線になります（ややこしい！）。この海底ケーブルは直流連系線なので、やはり国の中で異なる同期エリアが存在し、電力システムが分断されているといえます。

図1-2-4　英国の中の2つのエリア

なおここで、「英国（イギリス）とアイルランド」ではなく、「グレートブリテン島とアイルランド島」という分類の仕方にちょっとした違和感を感じた人もいるかもしれません。「グレートブリテン島とアイルランド島」という分類は地理的な区分でも使われますが、電力システムでも同様です。本書では、やや冗長ですが混乱を避けるため、国として指す場合は「英国」、「アイルランド共和国」と、電力システムとして見る場合は「グレートブリテン島」、「アイルランド島」と分けて書くことにしています。

逆にアイルランド島内では、英国北アイルランドとアイルランド共和国という異なる2つの国は、交流送電線で結ばれ、一つの電力システム

を構成しています（アイルランドについては2.2節で後述）。

米国もカナダも国の中で電力システムが分断

　一方、北米大陸の電力システムを地図上で見てみると、図1-2-5のようになります。北米大陸の電力システムは、アラスカやカナダ北部のほとんど人が住んでいない地域の中の小規模都市の孤立系統は除き、東部エリア、西部エリアの2つに大きく分かれます（専門書では「東部連系系統」、「西部連系系統」とも呼ばれます）。北米大陸の電源周波数は60 Hzで統一されていますが、東西で同期されておらず、両エリアは直流連系線で結ばれています。

　さらに、テキサスとケベックだけはやや特殊で、それぞれ1州単独で独立しています（厳密には、テキサスと他のエリアの境界は州境とも一致していません）。テキサスとケベックのエリアは、そのエリア内の送電網の運用を管轄している組織の名前を取って、ERCOTエリア、HQT (Hydro Quebec TransÉnergie) エリアとも呼ばれています。この2州だけ他エリアとは電気的に独立しているのは、これらの地域の持つ自由独立の気風とも関連があると推察されます。

図1-2-5　北米の電力システムは4つのエリアに分かれる

第1章　電力システムの国際動向：意外と知らない世界の電力システム

この地図は、一瞥して北米の地図だと認識できるものの、あれ？なんかヘンだぞ？と軽い違和感を覚える人も多いかもしれません。その理由は、米国やカナダが東西に真っ二つに分断されているというだけでなく、東西のエリアが両者とも南北に国境を越えて米国とカナダの諸州で一つのエリアを形成しているからです（しかも西部エリアはメキシコの一部のエリアも包含しています！）。特に米国では、東西エリアの境界は、州境ですらありません。

　図に見るように北米大陸は合計4つのエリアで構成されており、これらはそれぞれ数本の直流連系線でつながっています。それぞれ同じ60 Hzですが、電力システムとしては完全に分断されているということができます。

　電力システムのエリアの境界線と国境がここまでバラバラで、完全に国境や州境を無視したところにエリアの境界線が引かれるというのは、電力システムの運用をできるだけ政府に頼らず民間で進めてきたアメリカならではの考え方かもしれません。海に囲まれ他国と送電線が一本も繋がっていない日本からはなかなか想像できない状況です。電力システムから見ると、国境とは何か、ということを改めて考えさせられます。

日本は東西で周波数が分かれているから…？

　「日本は東西で周波数が分かれているから…」と、枕詞のように使われ、日本の電力システムの特殊性が語られることが多いですが、実は「交流送電線でつながっているか」、「直流連系線を介しているか」という考え方で世界を見渡してみると、欧州や北米の複数の国で、（たとえ電源周波数が同じだったとしても）エリアが分断されているという事実に気づかされます。

　このように、電力システムの観点から世界地図を眺めて見ると、普段我々が馴染んでいる国境線とは違ったところで電力システムの境界線が引かれていたり、グルーピングが行われていることがわかります。普段と違った視点で海外や日本を眺めて見ると、これまでの常識に囚われな

い違った見方で世界を眺めることができます。

　それぞれの国はそれぞれの地理的環境や制度的要因に対応しながら工夫しています。日本は東西で周波数が分かれており、それだけを見ると確かに他国にはない稀有な例です。ただ海外と比べて特殊であるかどうかを議論すること自体は悪いことではないものの、それを強調するあまり「日本は特殊で海外とは違う」を言い訳にして思考停止に陥らないように気をつけなければなりません。

【コラム】直流と交流、その攻防史

我々の日常生活を支える電気には2種類の送り方があります。一つは**直流**、もう一つは**交流**です。我々の身近なところでは、電池から取る電気が直流で、コンセントから取る電気は交流です（下図参照）。交流電力とは、電圧や電流が一定の周期でプラスマイナスを繰り返すもので、発電機などの回転する装置で発生させ、モータなどの回転する装置を動かすのに便利です。コンセントから取る電気が交流であるように、我々の生活を支える電力システムは交流で送られています。

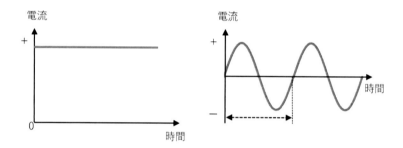

科学史や技術史を紐解くと、電池（正確には化学電池）を発明した人はイタリアの物理学者アレサンドロ・**ボルタ**だと言われています。18世紀のことです。化学電池は化学反応の際に発生する電子の移動を利用する方法で、一般に電圧や電流は一方向で一定となります（上図左）。ちなみに電圧の単位であるボルト (V) はこの電池の発明者・ボルタにちなみます。

また、電圧を発生させる方法は、上記のような化学電池のほかに、もう一つ有名な方法があります。磁石に挟まれた銅の円盤をぐるぐる回すと円盤の中心部と外側の間に電圧が生じますが、この発電機の原理を発見したのが19世紀の科学者マイケル・**ファラデー**です。この発明者の名をとったファラデーの法則は電磁誘導の法則として知られており、また、静電容量の単位ファラッド (F) として名を残しています。

このようなぐるぐる回す動作から分かるように、発電機は一般に鉄や銅を回転させることによって電磁誘導により電圧を発生させる装置であるため、上図右のようにプラスとマイナスが交互に発生する正弦波の形をしています。

さらに、現在の電力システムの基礎を作ったのはトマス・**エジソン**だと言われていますが、エジソンが興した会社では直流発電機を用いた直流送電を採用していました（主な負荷は、エジソン自身が発明した白熱電球）。それに対し、一時エジソンの会社の社員だったニコラ・**テスラ**は、交流発電機を用いた交流送電を主張し、最後は袂を分かつことになります。ちなみにテスラは磁束密度の単位テスラ (T) として名を残していますが、現在ではこの名前にあやかった電気自動車のメーカーの方が有名かもしれません。

テスラの提唱した交流システムは変圧器を介することにより簡単に電圧を昇降圧できるため、（当時の技術としては）直流システムよりも長距離送電に向き、最終的にはエジソンの提

唱する直流システムは（少なくとも商業的には）敗北を喫することになりました。ちなみにエジソンが興した会社は、現在のゼネラル・エレクトリック (GE)、であり、テスラの交流システムを採用した会社はウェスティングハウスです。

　しかし、時代は下り、トランジスタに代表される半導体素子がパワーアップして電力用のものが開発されるようになると、「ぐるぐる回る」発電機だけでなく半導体のスイッチングをうまく組み合わせて擬似的に交流波形を合成できるようになってきます。パワーエレクトロニクスの時代です。1970年代になると、送電線レベルの大電流・大電圧でも、交流から直流へ、また直流から交流への変換が技術的に可能になってきました（図1-2-2参照）。20世紀初頭に（商業的に）敗れたエジソンの直流による送電システムが、20世紀後半にまた復活した形になります。1.2節で紹介したように、日本やデンマーク、イギリス、米国・カナダ内で分断されている複数のエリアを結ぶのは、この直流送電技術によるものです。

　さらにちなみに、この直流技術が直接関係したわけではありませんが、20世紀初頭に直流・交流論争を勃発させ、一時はライバル関係として世界市場を2分した2社も、その後、数奇な運命を辿っていきます。ウェスティングハウス社は加圧水型原子炉の開発で一時世界を独占したものの、90年代から凋落が始まり、現在はブランド名を管理する会社を除いて会社は消滅してしまいました。一方、エジソンが起こしたゼネラル・エレクトリック社は、風力発電や直流送電などに力を入れ、世界有数のコングロマリット（複合企業）に成長しています。

　現在、我々が何気なく使っている単位や、よく耳にする有名な会社の名前は、このような科学史・技術史上の偉人たちに由来し、それぞれ悲喜こもごもの歴史があります。このように、直流と交流をめぐる攻防戦は電力産業の黎明期からすでに勃発しており、現在も続いていますが、現在ではどちらに優劣があるかというよりも、状況や目的によってうまく使い分けるのが賢い選択です。

1.3 日本に電力システムはいくつある？

電力システムの数え方

例えば、「日本に電力システムはいくつある？」という質問をしたとしましょう。前節で議論した通り、日本に住んでいる人たちは大抵、50 Hzと60 Hzの地域を意識して「2つ」と答えるでしょう。あるいは、電力会社の数を思い浮かべ「10個」（もしくは他地域と送電線がつながっていない沖縄電力を除き、本土で「9個」）と答える人も多いかもしれません。

この同じ質問を英語で海外の人にしたらどうでしょうか？ さすがに日本や電力システムのことに全く興味のない人に質問してもドン引きされるだけでしょうが、海外の電力の専門家に質問すると、ほとんどの人が「3つ」と口を揃えて回答します。この3という数字はどこから出てくるのでしょうか？

実は「電力システムはいくつ？」という質問は、わざと少々曖昧な質問になっており、何をもって電力システムの数を数えるのか？によって、答えは異なります。しかし、この電力システムの数の数え方こそが、日本の電力システムから少し距離を置いてニュートラルに考える上で重要な鍵となります。

少し専門用語を交えて説明すると、

　　・2つと答える人：電源周波数を見ている
　　・3つと答える人：**同期エリア**を見ている
　　・10個と答える人：**制御エリア**を見ている

と分類することができます。

同期エリアは前節でほんのちょっとだけ登場しましたが、わかりやすくいうと、そのエリアが全て交流の送電線でつながっている地域のことです。制御エリアに関しては次節で詳述しますが、日本で電力会社の管轄エリアとほぼ同義です。

　そこで、「日本に電力システムはいくつ？」という質問を「日本に同期エリアはいくつ？」と解釈すると、3つという回答になり、それぞれのエリアは、

1. 北海道エリア
2. 東日本エリア（東北＋東京）
3. 中西日本エリア（中部＋北陸＋関西＋中国＋四国＋九州）

に分かれることになります（沖縄は、小規模孤立系統なのでここではカウントしていません）。海外の電力の専門家は同期エリアを基準に電力システムを見る傾向にあるので、日本の電力をちょっとかじったことのある人であれば、みな即座に「3つ」と答えることになります。

　一方、「10個」と答えるのは、「制御エリアはいくつ？」と解釈した方です。日本は地域独占の電力会社が存在するため、それを意識してこの数を上げる人は多いかもしれません。制御エリアというのは、そのエリア内で法的責任を持つ会社や組織が需給バランスの制御（コントロール）を行っていることを意味します。

　もちろん、元の質問自体が曖昧だったため、どのような解釈の答でも間違えではありませんが、<u>日本に住んでいる多くの人は2ないし10と答え、海外の専門家は3と答える、という視点の違い自体に興味深いものがあります</u>。

　「同期エリア」という用語は、電力工学の専門書や電力会社の文書を注意深く読めばごくたまに見かけることができますが、一般に日本語で情報を収集する限りほとんど目にしない言葉です。この日本ではなかなか回答が出てこない「3つ」という数字（すなわち同期エリアでみる考え方）は、日本の電力システムを改めて見直す上で、重要な視点となります。

第1章　電力システムの国際動向：意外と知らない世界の電力システム

同期エリアで日欧米を比較すると

　この「同期エリアでみる考え方」で世界を改めて眺めてと、興味深い情報が浮かび上がってきます。

　まず、日本の電力システムですが、1.1節の図1-1-4で表した日本全体の四角いボックスを、図1-3-1に示すように3つの同期エリアに分割することができます。各同期エリアは、そのエリアのピーク電力（2016年度）の大きさに比例した四角形で描かれています。また、各同期エリア間を結ぶ直流連系線はその容量に比例した太さで描かれています（連系線の容量は2016年の年間運用容量最大値を用い、順方向と逆方向で容量が異なる場合は大きい数値を記載しています）。

図1-3-1　日本の3つの同期エリア

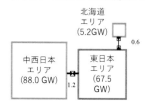

　60Hz地域の中西日本エリアは電力会社が6つもあるので、この同期エリアが日本で一番大きな電力システム、ということができます。一方、50Hz地域の東日本エリアは電力会社がたった2つしかありませんが、そのうちの東京電力が結構大きいため、中西日本エリアとちょっと小さい程度の、ほぼ互角の大きさとなっています。それに比べ、北海道のエリアは単独で小さい同期エリアとなっていることがわかります。

　同様に、図1-3-2および図1-3-3に示すように、欧州や北米も同期エリアに分割してみます。欧州は5つ、米国は4つの同期エリアに分かれています。

　これらの図のエリアの面積や連系線の太さの縮尺は、図1-3-1の日本のそれと統一しているので、3つの図を見比べると、それぞれの同期エリアの規模感がわかります。

　例えば欧州の大陸エリアと米国の東部エリアは日本には見られない大

図1-3-2 欧州の5つの同期エリア

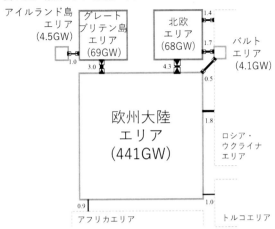

図1-3-3 米国の4つの同期エリア

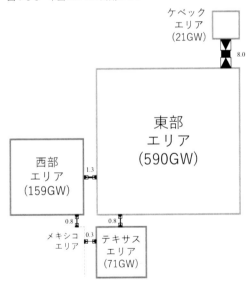

きな規模を持つエリアで、その地域で突出して最大のエリアという点も似ています。日本の東日本エリアは欧州のグレートブリテン島エリアや北欧エリア、北米のテキサスエリアとほぼ同じ規模であることがわかります。また、北海道エリアと欧州のアイルランド島エリアもほぼ同じ規模です（面白いことに面積や人口、隣接エリアの連系線容量も似ています）。

同期エリアで欧州を見ると

さて、図1-3-2のようなブロック図だけではイメージも湧きづらいので、実際の地図で欧州の同期エリアがどのようになっているのか見ていきましょう。図1-3-4に欧州の同期エリアのマップを示します。

図1-3-4 欧州の同期エリアマップ

欧州の同期エリアは
- ・欧州大陸エリア
- ・北欧エリア
- ・グレートブリテン島エリア
- ・アイルランド島エリア
- ・バルトエリア

の全部で5つから構成されます。

このうち、最も巨大なエリアが欧州大陸エリアで、北はデンマークのユトランド半島から南はイタリアのシチリア島まで約2,000 km、西はルーマニアの黒海沿岸から東はポルトガルの大西洋沿岸まで約3,000 km、20ヶ

28

国以上もの広大なエリアを占めています。

　この欧州大陸エリアを見ると、欧州に詳しい人ほど「あれ？」と気づくかもしれません。新聞やニュース、インターネットでたびたび登場する欧州連合 (EU) の地図とはビミョーに異なります。例えば、EUに加盟していないスイスや、セルビアなどの東欧諸国も同じエリアに入っています。EUは厳密には国ではありませんが、EUの「国境」を越えて電力システム（同期エリア）がつながっている、ということは興味深い状況です。

　EUは国家でも連合国家でもないので、日本人が日本を基準に考える「国」のイメージとだいぶ異なります。例えば、EU加盟国でもユーロ圏に参加していなかったり、EU非加盟国でもシェンゲン協定（国境検査なしで国境を越えることを許可する協定）を結んでいる国もあります。電力システムもそれと似たようなものと考えると、わかりやすいでしょう。

　欧州の中で二番目に広い同期エリアは北欧エリア、もしくはこの地域の電力市場の名前を取ってノルデル・エリアとも呼ばれます。また、ここでもEU未加盟のノルウェーが参加しています。前節でデンマークの国のほぼ中央で同期エリアが分断されていることを紹介しましたが、図1-3-4をよーく見るとわかる通り、欧州大陸エリアと北欧エリアの境界線は、デンマークのほぼ中央で引かれています。なお、図ではアイスランドもここに分類されていますが、アイスランドは完全な孤立系統でどの国とも送電線がつながっていません（したがって、以降の統計データでは、アイスランドは除外しています）。

　同様に、グレートブリテン島も欧州大陸とは直流連系線で結ばれているものの同期しておらず、単独の同期エリアを構成しています。アイルランド島も隣のグレートブリテン島とは2ルートの連系線で結ばれていますが、これらも直流なので、同様に単独の同期エリアです。

　バルト3国エリアは、2004年のEU加盟以降に加わった新しい地域であり、バルト海の対岸の北欧系統に直流で連系しています。また、このエリアは歴史的な経緯もあり、ロシアやベラルーシの系統と交流でつながっており、現在もロシアの電力システムと協調しています。

第1章　電力システムの国際動向：意外と知らない世界の電力システム　29

同期エリアで北米を見ると

　北米大陸の同期エリアのマップは、前節でも既に紹介した通りです。図1-3-5に、図1-2-5と同じマップを再掲します。北米の電力システムは以下の4つの同期エリアに分割されます。

　　・東部エリア
　　・西部エリア
　　・テキサスエリア
　　・ケベックエリア

　図に見る通り、北米では、米国とカナダ（およびメキシコの一部）の国境とは違ったところにまるでお構いなしに自由に(?)同期エリアの境界線が引かれています。

図1-3-5　北米の同期エリア（図1-2-5の再掲）

　以上、前節および本節で見てきた通り、日欧米の電力システムを同期エリアの観点からニュートラルに比較して見ると、日本は「海に囲まれた小さな島国で他国との連系線もなく国の中で周波数も分断されていて…」といった、さも当たり前のように世の中に流布していた常識が、実はグローバルな視点で考えると、それほど特殊で卑下したり言い訳に用いた

りするようなものではないということがわかります。各国・各地域とも
それぞれ状況が異なるものもあれば、共通したり類似したりするものも
あります。そのようなフラットでニュートラルな視点に立って日本の電
力システムを眺めると、いろいろと今までの「常識」では気がつかなかっ
たことも見えてきます。

1.4 日本には狭い国の中でたくさん電力会社がある？

　現在の日本では、いわゆる「電力会社」と呼ばれている会社は10社あります。図1-4-1に日本の電力会社の供給区域を示します。

　「日本は狭い国の中で10社も電力会社がある！」という意見もしばしば耳にしますが、これは実際、多いのでしょうか？少ないのでしょうか？日本だけでみてもよくわからないので、やはり海外の状況と比較してみましょう。

図1-4-1　日本の電力会社の供給区域

制御エリアで日本を見ると

とはいえ、海外では「電力会社」という言葉は日本でイメージするものとはだいぶ異なるので（2.1節で詳述します）、本節ではいわゆる「電力会社」の管轄エリアではなく、1.2節で一瞬だけ登場した**制御エリア**で比較検討することにします。制御エリアとは、ある会社や組織が電力の安定供給の責任を持つエリアのことで、日本では現在の電力会社の管轄エリアに相当します。日本の制御エリアの数は10個（他地域と送電線がつながっていない小規模孤立系統の沖縄電力を除くと、9個）となります。

日本について、前節で紹介した**同期エリア**と本章で解説する制御エリアの関係を図示すると、図1-4-2のようになります。この図では、各エリアの年間消費電力量（2016年度）の大きさに比例する形で正方形の面積が表されているので、各エリアの大きさを直感的に比較できるようになっています。

日本には以下のように同期エリアが3つあります（前節参照）。

1. 北海道エリア
2. 東日本エリア（東北＋東京）
3. 中西日本エリア（中部＋北陸＋関西＋中国＋四国＋九州）

なお、沖縄は本土と送電線がつながっておらず、それ単体で孤立系統を構成しているので、本節の議論では省略しています。

図1-4-2　日本の同期エリアと制御エリアの規模

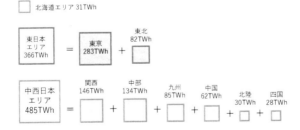

第1章　電力システムの国際動向：意外と知らない世界の電力システム　33

制御エリアで欧州を見ると

　一方、欧州を見てみると、それぞれの制御エリアで供給責任を担っているのは「電力会社」ではなく、送電会社（送電系統運用者 (TSO) とも呼ばれます）です。欧州送電事業者ネットワーク (ENTSO-E) に加盟している送電会社は43社に上ります。図1-4-3に欧州の同期エリアと制御エリアの大きさを正方形の面積で表した比較図を示します。図中の正方形は、図1-4-2の日本と同じ縮尺で統一しているので、両図を比較すると、日本の電力会社の大きさと欧州各国の送電会社の大きさがよくわかります。なお、欧州では1国1送電会社の制度を取っている国がほとんどなので（英国やドイツなどは例外）、そのような国では送電会社の名前でなく、国の名前を付しています。

図1-4-3　欧州の同期エリアと制御エリアの規模

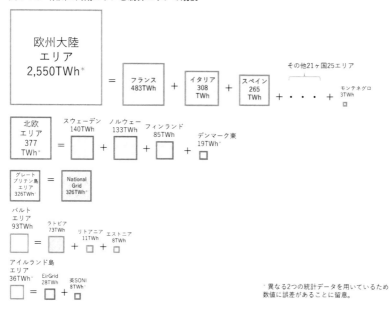

　まず、欧州には同期エリアは5つあるというのは前節でも述べた通りですが、その規模（年間消費電力量、2016年）は、欧州大陸の同期エリアが最も大きく、他の地域を圧倒しています。

ちなみに、年間消費電力量を国別で見ると、欧州第1位は548 TWhのドイツとなり、フランスは483 TWhで2位に甘んじるのですが、ドイツは前述の「1国1送電会社」の例外で、国内で4つの送電会社のエリアに分かれているので（日本と似ています）、各送電会社の規模はランキングとしては後退します。

　ちなみに欧州で最も小さなTSOはモンテネグロのCGESという会社で、年間消費電力量はわずか3.2 TWhしかありません。これは日本の四国電力の約9分の1、沖縄電力の約3分の1の大きさに相当します。

　ここで図1-4-2と図1-4-3を見比べて日欧比較をしてみると、以下のようなちょっとした雑学的な知識も得ることができます（図に登場しない国や制御エリアは数値を文中に補っています）。

- 東京電力より規模の大きな国（制御エリア）はフランス、イタリアの2つしかない
- 関西電力は、ポーランド (155 TWh) とほぼ同じ規模
- 中部電力とノルウェーはほぼ同じ規模
- 東北電力や九州電力は、ベルギー (84 TWh) とほぼ同じ規模
- 中国電力とルーマニア (55 TWh) はほぼ同じ規模
- 北海道電力とアイルランド島同期エリアはほぼ同じ規模。さらに単独の孤立系統という点も似ている
- 北陸電力や四国電力は、スロバキア (28 TWh) とほぼ同じ規模

日本の電力会社の規模と欧州各国（各制御エリア）の規模の比較は、日本の電力システムの規模感を得る上でも重要です。

制御エリアで北米を見ると

　一方、北米に目を転じて見ると、事情はやや複雑です。北米には、図1-4-4の白い丸印が示すように制御エリアが133エリアもあり、うち東部エリアには94エリア、西部エリアには37エリア、テキサスとケベックにそれぞれ1エリアが設定されています（図の白丸や直線は、実際の指令所や送電線の地理的位置を表しているわけではなく、あくまで模式的な

第1章　電力システムの国際動向：意外と知らない世界の電力システム　35

ものであることに留意)。

　図1-4-4を注意深く観察するとわかる通り、米国ニューヨーク州やカナダの多くの州のように、制御エリアが州でただ一つ集約されている場合もあれば、フロリダをはじめとする南部諸州のように州内に多数の制御エリアを抱えているところもあります。また、特に米国東部では、白い丸印を持たない州も見られますが、これは隣接した複数の州でまとまって大きな制御エリアを構成していることを意味します。

図1-4-4　北米の制御エリアと信頼度協議会エリア

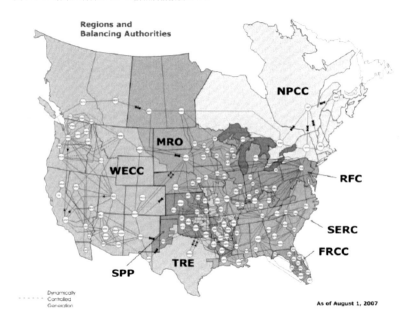

　詳しくは2.1節で解説しますが、米国では「電力会社」(英語ではutility)が2,000社以上もあり、日本のそれとは大きくイメージが異なります。これらは地元の州や市の公社だったり、私企業だったり形態が多様で、契約需要家が数万人に満たない小規模のものから100万人以上の大規模の公社・会社まで全米各地に多数点在している形です。そのうち、送電線を管理運営し、電力の安定供給に責任を持つ組織が133認定されている、ということになります。

一方、いくら広い北米大陸といっても制御エリアが133エリアもある
とさすがに収拾がつかないため、北米大陸を合計8つのエリアに分け、そ
れぞれ**地域信頼度協議会**という電力システムの運用ルールや計画を策定
する組織が置かれています（図1-4-4の色分けされた領域）。北米大陸を
8つの地域に分割し、それぞれの地域で、

　　　・北東部電力調整協議会 (NPCC)
　　　・信頼度第一協議会 (RFC)
　　　・南東部信頼度協議会 (SERC)
　　　・フロリダ信頼度調整委員会 (FRCC)
　　　・中西部信頼度機構 (MRO)
　　　・南西部パワープール (SPP)
　　　・西部電力調整委員会 (WECC)
　　　・テキサス信頼度機構 (TRE)

という名称の協議会が設置されています（各団体の日本語名称は、日本
語文献によって若干異なることに注意）。

　これらの協議会は会社組織ではなく、非営利の民間組織、すなわちNPO
です。日本で多くの人が思い描くNPOとはだいぶ違ったイメージです
が、このような形態は、できるだけ政府の関与に頼らずかつ公平性を保つ
ための中立機関として、いかにも米国らしいガバナンスの考え方といえ
るでしょう。民間のNPOとはいえ、規制機関である**米国連邦エネルギー
規制委員会 (FERC)** およびカナダ国家エネルギー委員会 (NEB) によって
認可・監督されているため、これらの組織は独立性と透明性高く運用さ
れています。

　さらにこれら8つの信頼度協議会を束ねる**北米電力信頼度協議会
(NERC)** という組織もNPOです。民間組織であるNERCもまた、規制機
関である米FERCおよびカナダNEBによって認可されているため、NERC
が定める信頼度基準は法的拘束力があり、北米大陸の電力の安定供給に
大きく貢献しています。

　さて、米国の同期エリアおよび信頼度エリアの電力システムの規模が
どれくらいかを視覚的に見るために、図1-4-5を示します。

第1章　電力システムの国際動向：意外と知らない世界の電力システム　｜　37

この図を、同縮尺で描かれた図1-4-2（日本）および図1-4-3（欧州）と比較すると、以下のようなことがわかります。

- 北米の東部エリアは欧州の大陸エリアとほぼ同等（やや大きい）
- テキサスの同期エリアは、北欧同期エリアや東日本同期エリア（東京電力＋東北電力管内）とほぼ同じ規模
- RFCの信頼度エリア（PJMという送電系統運用機関のエリアに相当し、事実上1つの制御エリア。PJMのエリアについては図2-2-5を参照）の規模は、欧州最大の制御エリアであるフランスの1.6倍、日本最大の制御エリアである東京電力の3倍に相当
- ケベック州の同期エリア（HQTという送電会社が管轄する単一の制御エリア）は、欧州のポーランドや関西電力とほぼ同じ規模

図1-4-5　北米の同期エリアと信頼度エリアの規模

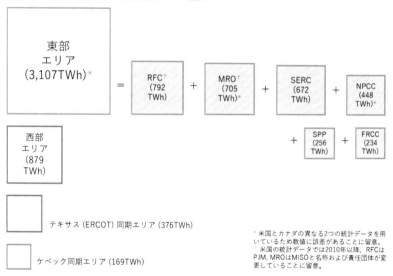

制御エリアで見た日欧米比較

以上、前節および本節で見てきた同期エリアと制御エリアに関する情報をまとめると、表1-3-1のようになります。

本節のタイトルは「日本には狭い国の中でたくさん電力会社がある？」
でしたが、この表の日欧米比較を行う限り、日本の制御エリアの数（電
力会社の数）は、欧州や北米に比べ決して多くないどころか、むしろ桁
違いに少ないことがわかります。すなわち、日本ではなくむしろ欧州や
北米の方で、ずっと小規模の制御エリアがひしめきあっていることを意
味します。

表1-4-1 日欧米の電力システム比較

比較項目	日本	欧州	北米
同期エリアの数 (a)	3	5	4
信頼度エリアの数 (b)	−	−	8
制御エリアの数 (c)	10	43	133
年間発電電力量(PWh)（2016年）(d)	1.1	3.4	4.5
a/d	2.7	1.5	0.9
b/d	−	−	1.8
c/d	9.1	13	30

欧州に小規模の制御エリアが多いのは、それはとりもなおさず、欧州
では基本的に1国で1送電会社の国が多いためです。今後、国を超えて送
電会社のM&A（合併・買収）があり同じグループ企業の送電会社が複
数の国にまたがったとしても、それぞれの国の法律や規制は異なるため、
制御エリアとしての数が減ることはほとんど考えられないでしょう。

一方、北米（特に米国）で制御エリアが多い理由は、電力自由化が米国
全土で十分に進展しておらず、多数の中小規模の電力会社がひしめき合っ
ている州があることが挙げられます。今後、電力会社 (utility) のM&A
も進むかもしれませんが、2010年以降、電力自由化の動向はあまり進展
していないので、すぐに活発な大きな変化があるとはあまり考えられな
いでしょう。

1.1節でも言及しましたが、日本は国土こそ狭いものの、電力システム
の規模はたった1国で欧州約30ヶ国の3分の1、米国＋カナダ約60州の
5分の1程度の大きさです。桁違いに小さいわけではありません。日本

第1章 電力システムの国際動向：意外と知らない世界の電力システム 39

は小さな島国の中で多数の電力会社がひしめき合っている…、というイメージはなんとなく持たれやすいのかもしれませんが、本節で見たようにデータで比較すると、日本の電力会社のエリアは、欧州の一国、米国の一州に匹敵する規模であることがわかります。

　日本と海外を比較するときに、日本の電力会社（制御エリア）の規模が欧州の国や北米の州の規模に相当するというイメージや規模感は、日本の地域産業の発展や地域エネルギー自治にも大きなヒントになる可能性があります。

第2章　電力自由化と発送電分離:「電力会社」を再考する

2.1 「電力会社」は2020年になくなる？

　テレビや新聞などのメディア、あるいは我々の日常会話の中でも、「電力会社」という言葉がしばしば登場します。誰でも知っているもはや説明の必要がない一般名詞です。しかし、この言葉は実際、何を指すのでしょうか？　よく使われる当たり前の言葉ですが、「そんなの常識でしょ？」と済ませるだけでは、国際動向や新しい時代を考える上で、思考停止に陥ってしまう可能性があります。ここで少し立ち止まって、本節ではこの「電力会社」という言葉の意味から改めて考えてみます。

一般電気事業者から一般送配電事業者へ

　日本でいわゆる「電力会社」といわれる会社は、10社あります。北海道電力、東北電力、東京電力、中部電力、北陸電力、関西電力、中国電力、四国電力、九州電力、沖縄電力の10社です。

　この「電力会社」ですが、法的には、「電気事業法で定められる**一般電気業者**に相当します。」…と書きたいところですが、現在では「相当していました」と過去形で書かなくてはなりません。

　上記の一般電気事業者を定めていた電気事業法は、2015年6月の国会で成立した『電気事業法等の一部を改正する等の法律』[4]によって改正され、2016年4月1日の一部施行により「一般電気事業者」という言葉は廃止されました。その代わりに、改正された電気事業法[5]では第二条九において**一般送配電事業者**という言葉が定義されました。なぜならば、この改正電気事業法によって、日本でも**発送電分離**を行うことが定められたからです。

42

地域独占の時代から自由化の時代へ

　これまで日本では、電気を供給する事業は、特殊な状況を除いて、各地域で一社のみという**地域独占**が認められてきました。電力を供給する会社は発電所だけでなく送電線や配電線も所有し、送配電事業も行います。また、需要家と直接契約して電気を販売するサービス（すなわち小売事業）も全て一手に引き受けるという、総合的な電気事業を展開していました。このような構造は一般に**垂直統合**といわれます。図2-1-1にかつての電気事業の構造を示します。

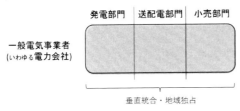

図2-1-1　かつての電気事業の構造

　しかしながら、この地域独占や垂直統合といった事業形態は時代にそぐわなくなり、1980年代以降、日本だけでなく世界中の多くの国や地域（特に、欧州のほとんどの全ての国、および北米の一部の州・地域）で電力自由化や発送電分離の動きが進んでいます。日本でもこの問題は長年議論されてきましたが、2011年の原発事故以降、ようやく議論が進展し、2015年6月の法改正により、発送電分離が法的に進められることになりました。

　ただし、ここで留意が必要なのですが、改正電気事業法は、国会で成立したと言っても、まだ全ての条文が施行されたわけではありません。同法附則（平成二七年六月二四日法律第四七号）第一条には「この法律は、平成三十二年四月一日から施行する。ただし、次の各号に掲げる規定は、当該各号に定める日から施行する」とあります。すなわち、発送電分離は改正法の公布により法的に約束されたものの、その法律が全て施行されるのは、2020年4月まで待たなければならないのです。

我々は電力システム改革の端境期にいる

　一方、前述の「一般送配電事業者」という名称を定めた第一条は、同附則第一条二に「第一条及び・・・(中略)・・・の規定　公布の日から起算して六月を超えない範囲内において政令で定める日」とあるため、2016年4月に部分的に施行されています。このように、改正電気事業法の各条項の施行時期に時間差があるため、本書執筆の2018年4月現在、我々は移行期のねじれ状態にあるといえます。その点をまず認識することが今後の日本の電力システムを考える上で重要となります。

　経済産業省が現在進めている**電力システム改革**の行程表を図2-1-2に示します。このような年表はどこかで見覚えはないでしょうか？　学校の歴史の時間で習ったように、明治維新やフランス革命も決して一夜にして時代が変わったわけではなく、さまざまな事件や出来事が断続的に起こりながら、時には大きく進み、時には時計の針が逆戻りしつつも、少しずつ、しかし後から振り返ると大きく変わっていったものです。それが変革です。我々は現在、この年表の真っ只中におり、リアルタイムで歴史が動いていくのを目撃している当事者なのです。さしあたりの目前のゴールは、2020年の「送電部門の法的分離」です。

図2-1-2　電力システム改革の工程表

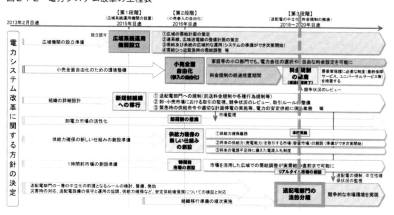

　このことを念頭に置きながら、現在（2020年3月まで）の電気事業の

各部門の関係図を示すと、図2-1-3になります。また、図2-1-4に2020年4月以降の形態も示します。

図2-1-3　現在（2020年3月まで）の電気事業の構造

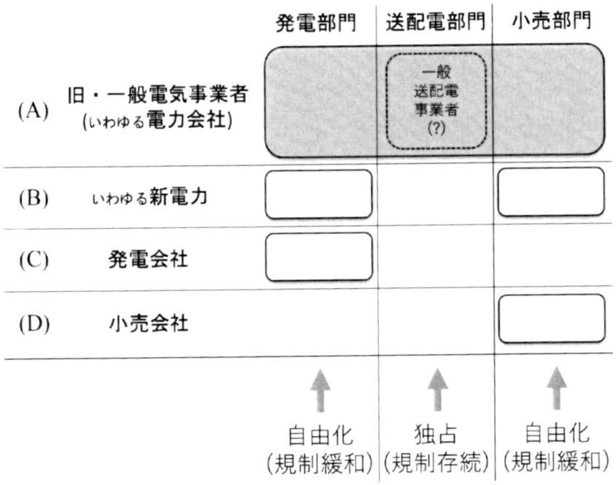

発電部門
送配電部門
小売部門
(A)
旧・一般電気事業者
(いわゆる電力会社)
一般
送配電
事業者
(?)
(B)
いわゆる新電力
(C)
発電会社
(D)
小売会社
自由化
(規制緩和)
独占
(規制存続)
自由化
(規制緩和)

図2-1-4　今後（2020年4月以降）の電気事業の構造（法的分離）

発電会社
送配電会社
小売会社
一般送配電事業者

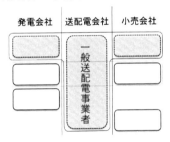

前述の通り、いわゆる電力会社の法的な名称である一般電気事業者という言葉はもうありません。その代わり、一般送配電事業者という新しい法的な用語が登場しました。しかし、この言葉はあくまで「送配電事業を営むことについて・・・許可を受けたもの」（同法第二条十一）なので、送配電事業のことしか指していません。また、前出の『電気事業法等の一部を改正する等の法律』第二十二条の二には、「一般送配電事業者は小売電気事業又は発電事業・・・(中略)・・・を営んではならない」と明記されています（ただし法の施行は2020年4月）。

しかしながら従来「電気事業者」に相当していた「電力会社」は、依然として発電部門も小売部門も同じ会社として存続しているため、図2-1-3の(A)の形態とは若干馴染みません。法の施行が2020年4月なので、現段階で直ちに法的違反があるわけではありませんが、現段階はやはり中途半端な状態です。

　例えば、東京電力は2015年4月に他社に先駆けて（さらには電気事業法の改正の国会審議に先駆けて）送配電部門を分社化し、「東京電力パワーグリッド」という会社を設立しましたが、このような会社こそがまさに一般送配電事業者に相当するものといえます。今後、他の電力会社も次々と送配電部門を分社化することが予想され（一部は既に社内カンパニーを作ったり、プレスリリースなどで分社化を公表済み）、2020年4月には名実ともに送配電事業者が日本全体で揃い踏みすることになりますが、それまではいわば移行期の状態が続きます。

法的分離から所有権分離へ

　2020年4月までには次々と新しい送配電会社が立ち上がることになりますが、これは全く新しい会社がこの分野に新規参入してくるということを意味するものではなく、あくまで旧・一般電気事業者の送配電部門が分社化される、という形になります。

　その他、やや特殊ですが、同法では送電事業者、特定送配電事業者という言葉も定義されています。送電事業者は現在のところ電源開発 (J-Power) 1社のみで、電源開発は現在でも送電線の一部を所有しています（運用は一般送配電事業者に委託）。また特定送配電事業者は、例えば王子製紙や東日本旅客鉄道など自営線供給を行う事業者を指し、現在16機関が登録されています。

　改正電気事業法では、第二条十七において**電気事業者**という用語も「小売電気事業者、一般送配電事業者、送電事業者、特定送配電事業者及び発電事業者をいう」と改めて定義されました。つまりそこには、図2-1-3の(A)〜(D)のように、電力の発生（発電）や輸送（送配電）や一般家庭

46

への販売や料金徴収（小売）の事業を行う会社であれば、なんでも全て「電気事業者」として平等に見なす、という意味合いが込められています（と少なくとも筆者はそう読み取ります）。この「電気事業者」（「一般電気事業者」ではない！）という簡素な用語こそ、エネルギーの民主化を表す象徴的な単語だと筆者は考えています。経済産業省の資料[6], [7]によると、本稿執筆時点で、経済産業大臣に届け出のあった発電会社（法的な用語としては発電事業者）は662事業者、小売会社（法的な用語としては小売事業者）は466事業者が登録されています。

　なお、分社化された送配電会社は、ホールディング会社など親会社の100%子会社になることもでき、同じく分社化された発電会社や小売会社と同一グループ会社を構成することも可能です。このような形態は**法的分離**と呼ばれます。

　図2-1-4のさらに進化系として、現在欧州のほとんどの国や地域で完了している発送電分離の最終形態を図2-1-5に示します。これは**所有権分離**と呼ばれます。これは、送配電部門と発電・小売部門を完全に分離し、ホールディングス制や子会社などといった両者の資本関係をも禁止する形態です。

図2-1-5　発送電分離の完了形（所有権分離）

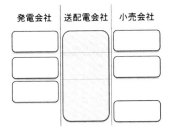

　電力自由化によって地域独占が廃止され、自由化（規制緩和）され市場競争に委ねられるようになるのは、実は発電部門と小売部門のみです。真ん中の送配電部門は、いわば公共財のようなものなので、引き続き独占が許可されます。独占が許可されるということは、なんでも自由に好き勝手やっても良いということではなく、政府もしくは規制機関から強

第2章　電力自由化と発送電分離：「電力会社」を再考する　｜　47

い監視と規制を受け、中立公平に行動しなければなりません。したがって、いくら別会社だからといって同じホールディング傘下にある発電会社を優遇せず、本当に全ての発電会社を公平に差別なく取り扱えってくれるのか？という疑念も依然残ります。

図2-1-2で紹介した日本の電力システム改革の工程表では、図2-1-4に相当する法的分離までしか議論されておらず、その先の所有権分離の議論は俎上に載っていません。2020年の法的分離の先の所有権分離までの機運が、まだ十分盛り上がっているとはいえない状況です。送電線の利用の公平性や透明性、非差別性のために、我々の電力システムがどのようにあるべきか、十分議論を進めなければなりません。

ここまでくると、これまで我々が「電力会社」と呼んでいたものが、2020年4月を境に解体され、発電会社、送配電会社、小売会社と別れていくということがある程度リアリティをもって実感できることになります。2020年4月以降も当面はホールディング制なので、引き続きそのグループ会社全体が「電力会社」と呼ばれることになるかもしれませんが、「一般送配電事業者は小売電気事業又は発電事業を営んではならない」が原則なので、そのような呼び方も実態にそぐわず、いずれ使われなくなるでしょう。あるいは、現在のいわゆる「新電力」のように、発電と小売部門の両者を持つ会社が電力会社と呼ばれるようになるかもしれません。しかし、それは現在我々がイメージするものとは全く別物で、規模も業務形態もビジネスモデルも全く違うものになるでしょう。

2020年4月をもって直ちに「電力会社」という言葉が消滅するわけではありませんが、徐々にいつのまにかこの一般名詞は人々の口に上らなくなり、それと入れ替わりに「発電会社」や「送配電会社」、あるいは「総合エネルギーサービス会社」などが隆盛になると筆者はみています。時代は変わっていくのです。

2.2　海外にも「電力会社」はあるの？

　前節では、日本でも発送電分離が進むと「電力会社」という言葉が消滅する、あるいは言葉の意味が変わってくる、ということを説明しました。では、一足先に電力自由化や発送電分離が進んでいる海外では、この「電力会社」という一般名詞はどのような意味でどのように使われているのでしょうか？　ここも「日本の常識」に囚われず、データとエビデンスを元にニュートラルな視点で眺めていきましょう。

「欧米の電力会社は…」というニュースには要注意

　結論からいうと、我々日本人が「電力会社」と聞いて思い浮かべる会社と、海外の「電力会社」とはだいぶ違うものになります。英語圏でpower companyあるいはutilityと呼ばれるものが、海外ニュースや技術資料などでしばしば便宜上「電力会社」と日本語に訳されますが、イメージするものが全く違い、多くの人に大きな誤解を与える可能性があります。ここは要注意です。

　特に発送電分離が進んだ欧州では、発電も送電も配電も小売部門も全て持つ垂直統合の会社はもうほとんど存在しないので、日本人が考える「電力会社」はほぼ存在しないといってよいでしょう（若干の例外はあります）。電気だけでなく、ガスや熱事業なども幅広く扱う会社もあり、「エネルギー会社 energy company」と呼ばれる会社の方が多いかもしれません。

　米国ではやや事情が異なり、utilityと呼ばれる会社がたくさんがありますが、これらは中小規模の会社も含め全米に多数点在し、やはり現在

第2章　電力自由化と発送電分離：「電力会社」を再考する　49

の日本で我々がイメージするものとは大きく異なります。「欧米の電力会社は…」などという海外ニュースにはちょっと注意が必要です。

欧州の送電会社は43社

　欧州では20年前からこの発送電分離の議論が進み、前節の図2-1-5に示すような完成形が（若干の例外はありますが）出来上がっています。欧州では、「発電」、「送電」、「配電」、「小売」と4つの部門が分離され、会社が分かれています（対して、日本の発送電分離は「発電」、「送配電」、「小売」と3つの部門で分離するので、ややこしいですが混乱しないように注意してください）。このうち、発電と配電と小売は兼業（資本関係のある同一グループ会社であること）が認められていますが、送電会社には高い独立性が求められています。

　まず、送電会社から見ていきましょう。送電会社は**TSO**（Transmission System Operator）と呼ばれ、日本語の学術文献などではそれを直訳した**「送電系統運用者」**と堅苦しく呼ばれることもあります。欧州の送電会社 (TSO) の数は実に43社に上ります。

　ここで、「欧州の送電会社の数」とは、欧州送電系統運用者ネットワーク (ENTSO-E) という国際的な送電会社の連盟組織に加盟している会社の数を意味します。ENTSO-Eには、EU加盟国だけでなく、EUに未加盟のスイスやノルウェー、アイスランド、さらにはセルビアなどの東欧諸国なども参加し、2017年末現在、35ヶ国43社が加盟しています。表2-2-1に欧州の主な送電会社 (TSO) の一覧を示します。

　1.4節でも少し言及した通り、欧州のほとんどの国では、1国に1つの送電会社 (TSO) しかありません。国有会社である場合も多く、規制部門としてその国の規制機関に厳しく監視・規制されています。例えば、フランス、イタリア、スペインなどといった比較的大きな国でもその国で唯一の送電会社がその国の全てのエリアを管轄しています。

50

表2-2-1 欧州の主な送電会社

送電会社 (TSO)	国	エリア内年間消費電力量 (TWh)(2016年)	筆頭株主	備考
RTE (Réseau de Transport d'Électricité)	フランス	483	フランス政府	欧州最大のTSO
Terna	イタリア	308	イタリアの投資銀行	欧州第2位
REE (Red Eléctrica de España)	スペイン	265	スペイン政府持ち株会社	欧州第3位
Amprion	ドイツ	184 *	ドイツ機関投資家コンソーシアム	ドイツ1位
TenneT	ドイツ	145 *	TenneT Holding（オランダ政府）	ドイツ2位
	オランダ	115		
50hertz	ドイツ	89 *	ベルギー自治体協同組合会社	旧東独エリア
Elia	ベルギー	84		
National Grid Electricity Transmission	英国	326 *	ロンドンおよびNY証券取引所上場	グレートブリテン島全体の電力システムを運用
SHET (Scottish Hydro Electric Transmission)	英国		ロンドン証券取引所上場	運用はNational Gridに委託
Scottish Power Transmission	英国		Iberdrola（スペインのエネルギー会社）	
SONI	英国	8.3 *	EirGrid	EirGrid傘下
EirGrid	アイルランド	28	アイルランド政府	
CGES (Crnogorski Elektroprenosni System)	モンテネグロ	3.1	モンテネグロ政府	欧州最小のTSO

* 注: 異なる2つの統計データを参照したため、誤差がある可能性があることに注意。

ドイツと英国は国内に複数の送電会社

　欧州は1国1送電会社の国がほとんどですが、若干の例外の国もあり、特にドイツと英国には1国に4つのTSOが存在します。

　図2-2-1にドイツのTSOの管轄エリアを示します。

　ドイツでも一時期は1国1送電会社を目指していた時期もありましたが（文献[8], p.178-180）、ドイツの電力会社は伝統的に国営ではなく民間であったためか、政府主導のトップダウン的制度改革というわけにはいかず、紆余曲折の上、旧大手電力8社のエリアが4つに統合された状態で落ち着いています。

　旧大手電力会社の所有だった送電線は、所有権分離の過程で分離され、他社に売却されることになりましたが、図2-2-1の地図の中に小さく国旗が描かれているように、結果的にいくつか外国資本が入ることになりました。例えば、TenneTはオランダの送電会社ですが、2010年にドイツ

第2章　電力自由化と発送電分離：「電力会社」を再考する　51

の現在のエリアの送電会社を買収し、同名の会社名をつけました。同じく、旧東ドイツの地域にほぼ相当する50hertzというちょっと変わった会社名の送電会社も、ベルギーの送電会社Eliaがこの地域の送電会社を買収し、一部ニュージーランド資本も入って経営しています。

図2-2-1　ドイツの送電会社(TSO)の管轄エリア

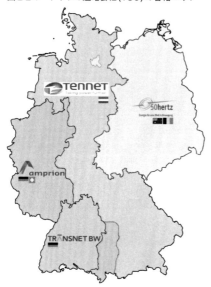

　一方、図2-2-2に示す英国は、国内に4つのTSOがあるという点ではドイツと同じですが、実態は大きく異なります。4つのTSOのうち、スコットランドのTSOであるScottish & Southern Electricity Networks (SSEN) Transmission と Scottish Power (SP) Energy Networksは欧州の中でも例外で、発送電分離されず、垂直統合のまま現在の日本と同じ形態の「電力会社」が残っています。その代わり、中立性を保つため、送電部門の運用だけはイングランドおよびウェールズのTSOであるNational Gridに委ねるという形になっており、その点が日本と異なります（後述の北米の方式に似ています）。

　また、National Gridはイングランドとウェールズの送電線を所有・運用するTSOですが（スコットランドに関しては送電網は所有せず運用の

み)、同時にグレートブリテン島全体の基幹ガスパイプラインも所有しています。ちなみに送電網も基幹ガスパイプライン網も英語の文書ではtransmission networkと同じ単語で表されます(それに対し、配電線や都市／地域ガス網はdistribution networkと言います)。さらに、National Gridは米国東海岸でも電力事業を展開しています。これは「外に打って出る」という国際的なエネルギービジネス展開で、ドイツの例と逆のパターンになっています。

図2-2-2　英国の送電会社(TSO)の管轄エリア

英国の4番目のTSOであるSONI (System Operator in Northern Ireland) は、2000年にアイルランド共和国の国営TSOであるEirGridに買収され、グループ会社の傘下に入っています。したがって、両者は別の国の別会社ですが、実質的には一体で電力システムを運用しています。ここでもやはり国境を超えた連携が行われています。

我々が普段「英国」もしくは「イギリス」と呼んでいる国家の正式名称は「グレートブリテンおよび北アイルランド連合王国」です。アイルランド島の北部6州は、アイルランド共和国独立と同時に共和国から脱退したという複雑な歴史的経緯もあり、現在はアイルランド共和国ではなく連合王国（英国）の一部を構成しています。北アイルランドにはつ

い十数年前まで、「北アイルランド問題」があり、悲惨なテロなども含む紛争状態にありましたが、現在ではアイルランド共和国と英国北アイルランドの国境には検問所や税関もなく、融和や交流が進んでいます。アイルランド島では、電力システムだけでなくスポーツなどさまざまな分野で、「All Island（全島）」という名称が冠されたプロジェクトや事業が見られます。英国のEU離脱問題でこの先予断は許しませんが、このような国を超えたビジネスや連携がダイナミックに起こっているのが、まさにEUの姿です。

　送電会社(TSO)のM&Aや海外進出を含むこのような動向は、旧来の「電力会社」というイメージからはなかなか想像できないかもしれません。しかし、ここ数年でまさに国際エネルギー会社（特にTSOの場合はエネルギー流通会社）という新しい形態が生まれ、ビジネスを展開していっていることがわかります。

欧州の配電会社は2,500社！

　上記の送電会社に対して、欧州の配電会社はDSO (Distribution System Operator) と呼ばれ、日本語では「**配電系統運用者**」と訳されることもあります。送電と配電の違いは各国によって（特に欧州と日本では）定義が異なりややこしいのですが、ごく簡単にいうと、鉄塔の上に架けられているのが送電線で、電柱の上に架けられているのが配電線、というイメージを持ってもらえればOKです。

　欧州では、送電会社 (TSO) は、発電や小売部門を所有したり資本提携したりしてはいけませんが、配電会社 (DSO) は兼業も許可されます（配電部門は規制部門なので、中立性や非差別性は要求されますが）。したがって、欧州の多くのDSOは発電や小売サービスも行っています。

　欧州の電気事業者（送電事業者を除く）の連盟であるEurelectric（日本語の文献では「欧州電気事業者連盟」としばしば訳されます）の資料[9]によると、欧州全体（Eurelectric加盟国32ヶ国中データのある27ヶ国）でDSOは約2,500あります。

一つの国の中で最もDSOの数が多い国はドイツで、同資料によると2011年時点で880社も存在しています。その中で需要家を10万人以上持つDSOの数は75社とガクンと数が減るので、これはすなわち「人口数万〜十万程度の小規模な都市にそれぞれ独自の配電会社がある」といったイメージです。

　なぜドイツでこれほどまでにDSOの数が多いかというと、ドイツでは伝統的に**シュタットベルケ Statwerke**と呼ばれる地域公社が大小各都市にあり、熱供給やガス供給事業、ケーブルテレビなど地元密着型の小売サービスも行っているからです（大都市ではトラムまで運営しているところもあります）。このシュタットベルケが配電網を持つ場合、DSOとして登録されるため、他国に比べて突出して数が多くなっているのだと考えることができます。

　一方、英国にはDSOはたった7社しかなく（うち1社は北アイルランド）、アイルランド（共和国）は全国で1社しかありません。フランスやイタリア、スペインはその中間でそれぞれ国内に158社、144社、349社のDSOを抱えています。配電会社の数だけ見ても、欧州全体でバラバラで統一がとれておらず、その国の文化的伝統や歴史的経緯も勘案したそれぞれ独自の法規制があることが伺えます。欧州全体の傾向としては、M&AによりDSOの数は少しずつ減少していっています。

欧州の発電会社は4,500社、小売会社は7,000社！！

　発電と小売に目を移すと、欧州統計局Eurostatの資料[10]によれば、欧州全体で発電事業者の数は約4,500、小売事業者の数はなんと約7,000にも上ります。

　とはいえ、いわゆる旧大手電力（発送電分離以前に地域独占・垂直統合の「電力会社」といわれていた大会社）も発電会社として健在で、例えばフランスの発電公社であるEDF (Electricité de France) は1社だけで年間568 TWhもの電力量を発電し（2016年）、その78%は原子力発電によるものです。この量はフランス一国の消費電力量（483 TWh）を軽

第2章　電力自由化と発送電分離：「電力会社」を再考する　55

く超え、欧州全体の年間発電電力量（約3,300 TWh）の実に6分の1の電気を生み出しています。

図2-2-3に欧州の主な発電会社の年間発電電力量ランキングを示します（ただし、欧州以外での発電事業分も含む）。この上位6社だけで、欧州の3分の1の電気を供給している計算になり、大会社の寡占状態にあることがわかります。

小売会社の方も同じようにランキングを取ってみると、図2-2-4のようになります。順位は多少入れ替わるものの、図2-2-3とほとんど同じ顔ぶれです。さらに、図2-2-4では参考までにガス小売および熱事業の需要家数も付け加えていますが、ここかわかる通り、多くの小売会社が電力だけでなくガスや熱の小売も同時に行っていることがわかります。文字どおり総合エネルギー会社というイメージです。

図2-2-3　欧州の主な発電会社の年間発電電力量ランキング (2016年)

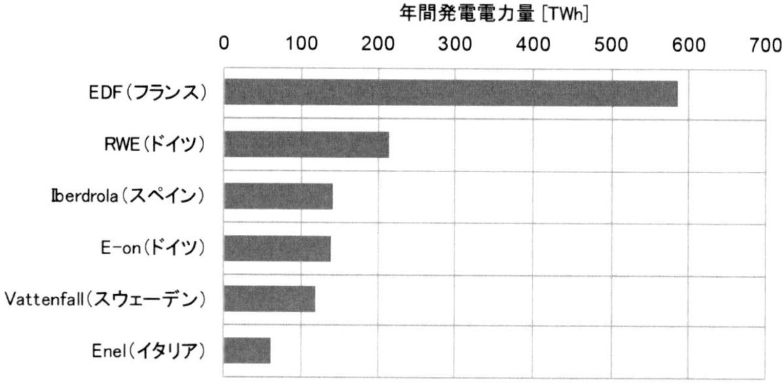

年間発電電力量 [TWh]

会社	年間発電電力量 [TWh]
EDF（フランス）	約580
RWE（ドイツ）	約210
Iberdrola（スペイン）	約150
E-on（ドイツ）	約150
Vattenfall（スウェーデン）	約130
Enel（イタリア）	約70

これらの巨大企業は、日本語の資料でもしばしば「旧大手電力」と呼ばれることもありますが、この2つのグラフから、発電とガスや熱供給も含む小売事業のペアで（さらにはDSOもグループ企業として内包して）巨大なエネルギー会社としてシェアを保っていることがわかります。

56

図2-2-4 欧州の主な電力小売会社の需要家数ランキング (2016年)

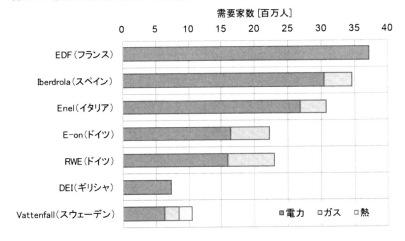

北米の「電力会社」は約2,300社！

　北米の場合はさらに状況が複雑です。米国のエネルギー情報局 (EIA) が公表している供給信頼度に関する2016年の統計データ[11]では、utilityとして登録されている会社の数はなんと約2,300にも上ります！（ただし、米国の統計上、複数の州にまたがって展開する会社は、州ごとに1つの会社としてカウントされるので、実際の数はこれよりもやや少ない可能性があります）。このutilityをさしあたり「電力会社」と訳すことにして、同資料のリストを精査すると、以下の情報がわかります。

- 米国で最も契約需要家が多い「電力会社」はカリフォルニア州のPacific Gas & Electricで契約需要家数は約550万軒
　（参考情報：日本の東京電力は電灯計で約2,000万軒、中国電力が約450万軒[12]）
- 米国で最も発電電力量の大きな「電力会社」：シカゴに本拠地を置くExelon Generation Companyで、2016年の年間発電電力量は203 TWh
　（参考情報：日本の東京電力の2016年度の年間消費電力量は263 TWh）
- 契約需要家数100万軒以上の「電力会社」：約40社

- 契約需要家数10万〜100万軒の「電力会社」：約140社
- 契約需要家数10万軒未満の「電力会社」：約800社
- 送電線および配電線両方を所有する「電力会社」：約300社
- 配電線は持たず送電線のみを所有する「電力会社」：約90社
- 送電線は持たず配電線のみを所有する「電力会社」：約1,000社
- 発電所を持つ「電力会社」：約600社
- 送電線も配電線も発電所も持つ（すなわち垂直統合された）「電力会社」：約200社
- 送電線も配電線も発電所も持たない「電力会社」：約300社

　このように、一口に同じ「電力会社」と言っても、日本と米国ではその性格は大きく違うことがわかります。中には設備を全く持たない会社もあり、これらは他者から委託されて発電や需要を予測し、電力市場に入札する業務を請け負うパワートレーダーなどが含まれます。米国では、電力の発電や送配電、小売（さらには電力市場を介した取引業務まで）に関することであれば、なんでもutilityと呼ばれます。

　ここまでくると、米国で言うところのutilityをそのまま無省察に「電力会社」と訳してしまってよいのか、そのような記事や資料を読んだ人に大きな誤解を与えないか、心配になってきます。むしろ、2.1節で紹介した日本の改正電気事業法で定義された「電気事業者」に近いイメージといえるでしょう。

　したがって、ここまでは日本の「電力会社」とは違うことを示すために敢えてutilityを「電力会社」と訳してきましたが、以降の文章では、米国のutilityは「電力会社」と訳さずに、より読者に誤解のないニュートラルな言葉である「電気事業者」と訳すことにします。

北米の送電機関は9機関。ただし…

　一方、北米も欧州と同じく電力自由化と発送電分離が一部進んでいます。「一部」というのは、非常に進んでいる地域とほとんど全く進んでいない地域がバラバラで混在しているからです。米国は、電力システムの

運用形態が州ごとにバラバラで、国（連邦レベル）で統一がとれていないのが実情です。これは米国が1990年代から推し進めてきた電力自由化が連邦レベルで統一基準について合意することができなかったから、という歴史的経緯もあります。

　1990年代から自由化と発送電分離の進んだ州は、主に東海岸、テキサス州、カリフォルニア州などがあげられます。このような地域では、欧州型とはちょっと違った方法がとられています。欧州では、送電会社と発電会社・小売会社は厳密に資本関係も異なる会社として分離が（一部例外があるものの）完了しましたが、北米では、送電線は従来通り電気事業者 (utility) の所有物で、電力会社がメンテナンスを行ったり投資計画を立てたりしています。

　しかし、中立性を保つために、送電線の運用に関しては、電気事業者とは独立した非営利民間組織（すなわちNPO）に委ねられます。このような組織は**独立送電系統運用者**(ISO: Independent System Operator) あるいはそれを複数の州に拡張した**地域送電系統運用者**(RTO: Regional Transmission Operator) と呼ばれます。

　民間のNPOとはいえ、規制機関である**米国連邦エネルギー規制委員会**(FERC) およびカナダ国家エネルギー委員会 (NEB) によって認可・監督されているため、これらの組織は独立性と透明性高く運用されています。

　図2-2-5に米国およびカナダのISOおよびRTOの管轄エリアを示します。これらのエリアは州境や国境すら超えて関係なく広がっているところが面白いところです。また、これらのエリア以外の地域では、従来通りの垂直統合された「電力会社」が群雄割拠しています（それゆえ、米国では電力自由化は進んでいない、という主張もあります）。

　米国は一般に「合衆国」と日本語で表記されますが、むしろ「合州国」といった方が現実の形態を示すには的確でしょう。州の権限は強く、例えば気候変動（地球温暖化）対策を促進するパリ協定からの脱退をトランプ大統領が表明した際も公然と反旗を翻した州知事もいるように、連邦政府はなんでもトップダウンで州に命令する権限を有しているわけではありません。よくいえば「自由さ」、悪くいえば「統一感のなさ」がい

第2章　電力自由化と発送電分離：「電力会社」を再考する　｜　59

図 2-2-5　米国の ISO および RTO の管轄エリア

かにも米国らしさを象徴しているといえます。

日欧米の「電力会社」比較

以上、本節では「電力会社」という単語が海外で（特に欧州と北米で）何を意味するのか？ということを、各種統計データを追いかけながら見てきました。整理すると、表2-2-2のような形になります。

表 2-2-2　日欧米の「電力会社」比較

比較項目	日本	欧州	北米
「電力会社」の数		—	約 2,300
送電会社（送電機関※）の数	10	43	9 ※
配電会社の数		約 2,500	約 1,300
発電会社の数	662	約 4,000	約 600
電力小売会社の数	466	約 7,000	約 1,000

※注：北米全域をカバーしているわけではないことに留意。

日々更新される膨大なグローバル情報のほとんどが英語です。そのうち、日本語に翻訳され、日本に伝わってくるのはほんのわずかしかありません。そのような状況では内外の情報ギャップは本質的に発生します。

むしろ、情報ギャップがあるかもしれないということを意識しない方が不自然です。

　例えば「欧米の電力会社は…」というたった2語からなる短いフレーズだけでも、そのバックグラウンドの動向や最新情報を掴んでいないと、大きな誤解が発生してしまい、日本という島国から遠眼鏡でみた視野の狭い歪んだ情報しか入手できない可能性があります。「電力会社」という我々が当たり前のように日常で見聞きしている言葉や常識的観念も、日本の未来を考える上で、少し立ち止まって考え直してみる必要があるかもしれません。

第2章　電力自由化と発送電分離：「電力会社」を再考する　61

【コラム】「電力システム」と「電力系統」はどう違う？

　本書のタイトルは『電力システム編』ですが、そもそも「電力システム」とは何か、「はじめに」でざっくり説明したものの、ここまで十分な定義や説明もなく使ってきました。

　そもそも「電力システム」と「電力系統」ってどう違うのでしょう？　知り合いの研究者や技術者に聞いて回っても、「同じ意味では？」とか「いや実は違う」とか意見はさまざまで、専門家の中でもどうやら共通のイメージはなさそうです。

　「電力システム」という用語は、今では多くの論文や技術書、大学の専門教科書などにも登場していますが、筆者の知る限りでは辞書や辞典などで明確に定義されたものはなかなか見当たりません。代わりに、「電力系統」であれば多くの文献で定義されています。

　例えば、社団法人 日本電気協会新聞部（電気新聞）が発行する『電力・エネルギー時事用語辞典』（筆者の手元にあるのは 2012 年版）では、電力系統は以下のように説明されています。

電力系統 [electric power system] 発電所から消費者の受電設備に至る電気のネットワークの総称。火力発電所、水力発電所、原子力発電所などの発電設備で発電された電気は、18.7万V（中略）以上の高い電圧の送電ネットワーク（これを「基幹系統」と言う）によって送電され、より低い電圧の送電ネットワーク（これを「地域供給系統」や「二次系統」と言う）・配電ネットワーク（これを「配電系統と言う」を経て、需要者の変電設備へと届けられる。（後略）

　また、エネルギーフォーラム社から発行されている『電気事業辞典』（電気事業講座編集幹事会編纂）2008 年版では、以下のように定義されています。

電力系統 [electric power system] 電力の発生から消費に至るまでの一貫したシステムで、水力・火力および原子力発電所、送電線、変電所、配電線、負荷等から構成されている。（後略）

　両者の定義に再生可能エネルギーが全く含まれていないのは激しくツッコミを入れたいところですが、ここは本題でないので大人しくスルーするとして、両者の定義文の中に「ネットワーク」や「システム」が使われているところが注目すべき点です。また、対応する英語表記にも "system" が入っています。

　つまるところ、英語の "electric power system" の日本語訳の際に、"system" を「システム」と訳すか「系統」と訳すかの違いであり、「電力系統」と「電力システム」はほぼ同義、と解釈することができます。少なくとも筆者はそう解釈しています。

　ちなみに英語では "electric power system" の他に、単に "power system" といったり "grid" といったり "network" といったり、同じものを指す（のだろうと明らかに解釈できる）さまざまな表現があります。筆者が普段接する英語文献を読んだり、海外の専門家とやり取りしている限りでは、どちらかというと "grid" が多く使われるような気がします。

　筆者は風力発電や電力系統の書籍や技術資料をいくつか翻訳していますが、翻訳者として気をつけなければいけないトラップの一つが、欧州系言語の中で文化的に息づく修辞学的パラフ

レーズ（言い換え）です。例えば小説やエッセイの場合、同じページに同じ単語が何回も登場するのはボキャブラリーが乏しいと見られかねないので、同じものを意味する別の単語に置き換えた方が良い、ということを英語圏ではしばしば教わります。筆者も実際、英語論文の校正の際、ネイティブスピーカーの校正者にそう言われたこともあります。

　小説ほどではないですが、英語の技術文書でもたまに（著者によってはかなりの頻度で）パラフレーズが出てきます。このパラフレーズは翻訳者泣かせで、これを事前にちゃんと見抜かないと、日本語に訳したときに、アレはこう訳してコレはああ訳して・・・結局それは意味が違うの？　同じなの？・・・と、翻訳者も読者も大混乱になります。

　学術論文では、専門用語を他の言葉に置き換えるのは混乱の元なのでNGですが、"power system" や "grid" はもはや一般名詞に近いため（少なくとも専門家にとっては）、英語ネイティブの人が論文や技術報告書を書くと、随所にこのパラフレーズが散りばめられがちです。筆者が電力関係の書籍や技術資料を翻訳する場合は、これらは全て「電力系統」あるいは「電力システム」のどちらかの訳で統一しています。

　筆者自身は、日本語の「電力系統」と「電力システム」は修辞学的パラフレーズの一種だと考えていますが、さすがに自分が書く文章（翻訳も含む）では、同じ文書の中でごちゃ混ぜにはしません。強いていうなら、文書や書籍によって使い分けており、専門家向けの論文や技術書では少し硬い響きのする「電力系統」を、一般向けの本（この本がまさにそうです！）では少し柔らかくて爽やかな響きのする（？）「電力システム」を使う・・・、という感じです。

　ちなみに、ある大学の先生が言っていたのを思い出しましたが、曰く、「電力システム」の方が今風でカッコよく聞こえる、とのこと。また、別の研究者の人は、ITとか情報技術がそこに入っているっぽいから「電力システム」の方を好んで使う、とのことです。確かに。やっぱり、新しい響きの方がみんな好きですよね…。

　というわけで、もし近い将来、「電力システム」という言葉が辞書や辞典などに正式に登場することになった暁には、従来の「電力系統」と違うのか同じなのかということを明らかにするとともに、ぜひ、定義文の中に再生可能エネルギーや分散型電源もちゃんと登場させてもらいたい、と切に願っています。

第2章　電力自由化と発送電分離：「電力会社」を再考する

第3章　停電と電力の安定供給：
停電は絶対起こってはならない？

3.1 日本は世界で一番停電が少ない？

日本の電力品質の良さを形容して「日本は世界で一番停電が少ない」あるいは「世界トップ水準を維持している」と言われることがしばしばあります。本節ではそれをデータとエビデンスで検証します。

日本はやっぱり停電時間が短い！

停電が多いか少ないかの指標はいくつかありますが、よく使われているのが**需要家あたりの年間停電時間**です（日本の電力会社的な呼び方としては「お客さまあたりの年間停電時間」）。例えば日本では電気事業連合会が毎年データを公表しており、本校執筆時点で最新の文献[13]によると、2014年度および2015年度の日本の需要家あたりの年間停電時間はそれぞれ20分、21分でした。図3-1-1に日本の需要家あたりの年間停電時間の推移を示します。

図3-1-1　日本の需要家あたりの年間停電時間の推移

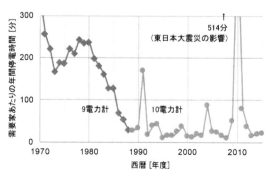

この図を見ると、日本も1970年代までは年間停電時間は200分を超えることも多く、80年代後半以降は台風や震災などの自然災害の大きかった年を除き、30分前後の低いレベルを維持していることがわかります。
　また、電力会社各社も自社ウェブサイトで同様の指標を公表しているところがあり、筆者が調査した限りでは、中国電力と沖縄電力を除く8社でデータが得られます。図3-1-2に2016年度の各電力会社エリアでの需要家あたりの年間停電時間を示します。なお、横軸の数値を大きく取りすぎてグラフに空白が目立ちますが、それは後に示す欧州や米国のデータと比較するためです。
　九州電力のみ2016年にたまたま台風の被害が多かったため他のエリアと比較して数値が上昇していますが、それは図3-1-1を見てもわかる通り、単年度のみの特異点的なデータと見てよいでしょう。需要家あたりの年間停電時間が一桁台のエリアも多く、例えば年間5分ということは、停電率に直すと年間で0.001%の発生確率となります。日本の電気がどれだけ高い信頼度で送られてきているかがわかります。

図3-1-2　日本の各電力会社の需要家あたりの年間停電時間（2016年）

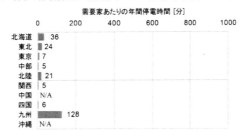

欧州では停電時間が短い国もあるが…

　一方欧州では、欧州エネルギー規制者評議会（CEER）という機関が数年に1度、欧州各国の停電に関する統計データを公表しており、その中では需要家あたりの年間停電時間に相当する**SAIDI**（System Average Interruption Duration Index）という指標が使われています。現時点で

最も新しい統計データがまとまっている文献[14]によると、2014年の欧州で最も停電時間が短い国はデンマークで11.59分、次いでスイスが13分、ドイツが13.5分、ルクセンブルクが14.2分、オランダが20分と続きます。日本全体の21分（2015年）よりも停電が少ない国は、欧州では5ヶ国あります。

もっとも欧州と一口にいってもさまざまな国があり、停電時間が軒並み100分を超えるところも続出します。中には年間停電時間が908分（約15時間）のスロベニア、571分（約9.5時間）のマルタ共和国など、停電が長い国もあります。図3-1-3に欧州各国のSAIDIのランキングを示します。

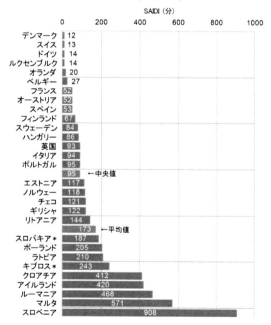

図3-1-3　欧州の各国のSAIDIランキング（2014年）（ただしキプロスは2012年、スロバキアは2013年のデータ）

欧州各国を停電の度合いによって大きくグループ分けすると、停電時間の低さが現在の日本並み（概ね30分以下）なのは6ヶ国、日本の80年代後半並み（概ね30〜200分）なのは15ヶ国、日本の70年代以前（概ね200分以上）と同じレベルの国は8ヶ国、となります。

欧州全体での中央値は95分、平均値は173分となります（各国の電力システムの大きさが異なり、厳密には平均を取ってもあまり意味はないので、あくまで参考値ですが）。日本の水準に比べ、だいぶ長いです。

　図3-1-4に上記の5ヶ国のここ数年の停電時間の推移を示します。停電はどの国でも年によっては自然現象により大きく跳ね上がる場合もあるので、この図では各国の一次近似曲線も描いています。ここで挙げた国の中では、過去4年間のデータしかないルクセンブルクがわずかに上昇傾向（一次近似曲線の傾きが正）を見せますが、それ以外はいずれも減少傾向にあることがわかります。

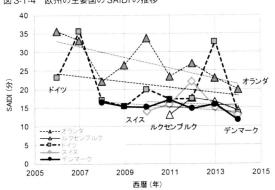

図3-1-4　欧州の主要国のSAIDIの推移

　日本では、「電力自由化や再エネの導入により停電が増えた！」という主張もありますが、少なくとも統計データが揃っている2001年以降（すなわち電力自由化や再エネの導入が進んだ時期）、停電時間が増加傾向にある国は欧州全体で見てもほとんどありません。

米国は全体的に停電時間が長い

　米国の停電に関する統計データとしては、米国エネルギー情報局（EIA）から電気事業者（utility）ごとのSAIDIが公表されています[11]。しかし、州ごとや信頼度エリアごとに停電に関する統計情報まとめられた公表物は筆者が調査した限りでは見かけません。意外にデータ開示が進んでい

ないようです。したがって、このEIAのデータをもとに、筆者自身で州ごとに需要家あたりの停電時間を算出してみました。その結果を図3-1-5に示します。

　図に見られる通り、米国では最もSAIDIの低いアーカンソー州でさえも年間86分と日本や欧州の中で上位の国に比べ、大きな値となっています。最下位はサウスカロライナ州で、1,647分（約27.5時間）と異常に長い停電時間を記録していますが、これは2016年10月に同州を襲ったハリケーンに起因するものと考えられます（それゆえ、このランキングは年ごとに大きく変わる可能性もあります）。米国の州単位のSAIDIは日本や欧州に比べ全体的に高く、中央値は192分、平均値は256分と日本全体の10倍程度になっていることがわかります。

　以上の日欧米の需要家あたりの年間停電時間 (SAIDI) の比較から、日本は国別で世界一とまでは言えませんが、いくつかの電力会社の管内では文字どおり世界最高水準の数値を記録しており、文句なくトップレベルの低い停電時間を誇っているということがわかります。

図3-1-5 米国各州のSAIDIランキング（2016年）

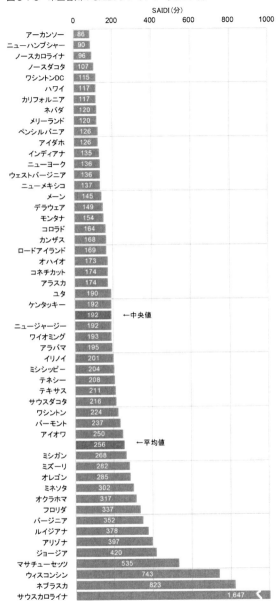

第3章 停電と電力の安定供給：停電は絶対起こってはならない？

3.2 停電を防ぐためには？

停電はなぜ起こる？

そもそも停電はなぜ起こるのでしょうか？どこでどのような原因で発生するのでしょうか？これもデータとエビデンスで見ていきましょう。

例えば、経済産業省が発行する『電気保安統計』[15]では毎年「電気事故」の件数を公表しています。ちなみに電気事故とは、電気事業者などが『電気関係報告規則』などの法令に基づき経済産業大臣もしくは所轄産業保安監督部長宛に報告する義務のある事故のことを指します。電気事故の中で、電気設備に何らかの供給支障がある事故は供給支障事故と呼ばれますが、発生設備別に統計データをまとめると、図3-2-1のようになります。

図3-2-1　設備別供給支障事故（2016年度）

このグラフを一瞥して明らかな通り、供給支障事故の実に約9割は配

電線、とりわけ架空配電線で発生していることがわかります。

　また、図3-2-2には、需要家に最も近い設備である高圧配電線の事故原因別にデータを分類したグラフを示します。ここから、架空配電線の供給支障事故の主な原因は、雷や風雨、氷雪など自然災害によるものが36％を占め、統計データ上は自然災害にカウントされない樹木接触や鳥獣接触も合わせると、実に全体の3分の2を占めることがわかります。

図3-2-2　高圧配電線の供給支障事故原因（2016年度）

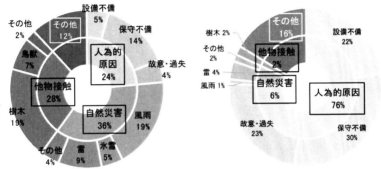

　なおここで注意しなければならないのは、電力システムのある部分に供給支障事故が発生したからといって、直ちに需要家（みなさんの家など）の停電に結びつくわけではない、ということです。一般に電力システムの上流は複数のルートで送電線や配電線が敷かれているため、ひとつの発電所や変電所などで事故があったとしても下流の需要家には影響を及ぼさないことの方が多いです。

　特に都市部など人口密集地では配電線も街中に密に張り巡らされ、ループ化していることが多いため、仮に台風や雷などにより配電線が1ルート切れても、瞬時に別ルートに切り替えて送ることができるケースも多くあります。我々の多くが滅多に停電を経験しないように感じているのは、そのためです。

　一方、郊外や山間部などの配電線の場合はループ化していない線路も多いため、ある1点で事故が発生して断線すると、それより下流の需要

家全てが停電してしまうケースもあります。

　ところで、図3-2-2の左図と右図を比べると、明らかに傾向が大きく異なることがわかります。左図の架空電線路（一般に鉄塔や電柱で張られている電線）は自然災害が36％、他物接触が28％を占めるのに対し、右図の地中電線路（ケーブル）は両者を合わせてもわずか8％と劇的に減っています。

　これは、架空電線路が空中に架けられて自然環境に暴露されているのに対し、地中電線路は地中に埋められているが故に、風雪や雷など自然災害からほとんど影響を受けないためです。なお、地中電線路では人為的原因が圧倒的大多数を占めていますが、これは自然災害の要因が減ったため相対的に人為的原因が増えているためであり、地中電線路の方が架空電線路よりも人為的原因が多いことを意味するわけではありません。

停電を防ぐためには？

　地中ケーブルに関しては、欧州の統計データを分析すると興味深い傾向を得ることができます。図3-2-3は欧州各国のSAIDIすなわち停電時間と配電線の地中化率の相関をとったグラフです（縦軸、横軸とも対数で取ってあります）。

図3-2-3　欧州各国（および日本）の配電線地中化率とSAIDIの相関

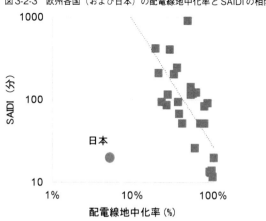

74

欧州の中で一番（すなわち世界で一番）配電線地中化率が高い国はオランダで、100%を誇っています。これにデンマークの98.5%、ルクセンブルクの94.2%、スイスの91.8%、ドイツ89.0%と続き、これらの国は図3-1-3で見た通り、SAIDIトップ5の国に見事に一致します。

　特にスイスやデンマークでは人口密度が比較的高く、国土が小さい国であるゆえに高地中化率を達成しやすいという利点も考えられますが、景観への配慮や公共料金の高さへの受容性（もともと税金が高く、社会に役立つものであれば高くても受容されやすい）も関連することが強く推測されます。また、国土が比較的広いドイツでも高い地中化率を達成しているということは、都市部だけでなく農村部でも地中化が進んでいることを意味しています。

　この図からわかる通り、欧州全体としては、地中化率が高くなればなるほど停電時間が短くなる傾向が見られます（一次近似曲線の相関係数は0.48となり、弱い相関があります）。すなわち、欧州各国は配電線を地中化することによって停電率を下げようと努力していると解釈することができます。

　もちろん図3-2-3は単に「相関」グラフであり、因果関係があることを意味するわけではありません。停電が増えてしまう原因にはさまざまなものが考えられます。しかし、停電を減らすための一つの有力な対策として、配電線の地中化が行われ、実際に停電が少ない国ではそれが成功しているといえます。

　一方、この図では、比較のために日本のデータもプロットしてあります。そしてこれは欧州諸国の傾向から大きく外れていることがわかります。日本の配電線地中化率はわずか5.3%ですが[13]、それにもかかわらず、需要家あたりの年間停電時間はわずか20分程度と低い値を達成しています。このことから、日本は地中化という欧州諸国の考え方とはまた違ったアプローチで停電対策を行ってきた可能性がある、と解釈することができます。

　考えられる要因としては、保護リレーなど事故検出と故障除去のためのデバイスの開発に力を入れてきたことにあります。日本は、まだイン

ターネットやIoTなどなかった1980年代頃から、事故位置や事故原因を
ほぼ自動的に検出し、作業員が実際に現場に行かなくてもある程度自動
で停電範囲を最小化させる保護システム技術を磨いてきました（余談で
すが、筆者も1990年代後半から2000年代にかけては、架空送電線や地中
ケーブルの事故検出や事故解析などの研究をしていたという経緯があり
ます）。もちろん、日本の電力マンの高い教育・訓練水準や職業意識も大
きく関連するものと推測できます。

　停電の防止のために、どのような手段を取るべきかはさまざまな設計
思想があり、地中化だけが唯一のソリューションではありませんが（実
際、日本がそれを証明しています）、昨今、日本でも電柱や電線の地中化
の議論が起こっています。主に景観の問題から推進する人もいるでしょ
うが、やはり停電防止、すなわち電力の安定供給の観点からも議論が必
要です。

　また、地中化を実現するための投資（コスト）の議論も必要です。一
般に地中ケーブルは土木建設工事も含め、同じ送電容量の架空送電線に
比べ数倍～10倍ほどコストがかかると言われています。このコストによ
り社会全体でどのようなベネフィット（便益）が見込めるのか、「なんと
なく」ではなく精緻なデータとエビデンスで定量的に議論をしていく必
要があります。

停電を防ぐためのコスト

　コストの話が出たので、本節の最後に、停電とコストの関係について触れ
たいと思います。図3-2-4はパフォーマンス規制 (PBR: Performance-based
Regulation) という欧州や北米（場合によっては途上国でも）で議論され
ている電力規制の方法論の一つです。

　「規制」というと日本ではなんでもガチガチに箸の上げ下げまで政府か
ら監視され行動を制限されるとか、非効率や癒着の温床だという印象を
抱く人もいるかもしれません。しかし、本来の理想論としてはできるだ
け市場に自由に任せながら、市場だけではうまくいかない時に政府が必

76

要最小限うまくいくようにルール作りをしてあげる、というのが適切な規制のあり方です。

　図に示す右下がりの曲線①は、停電対策にかかるコストであり、一時的に電力会社（ないし送電会社）が負担しますが、最終的に電力消費者に電気料金として転嫁されます。停電時間を低くしようと思ったら、必然的に対策コストがかかり、その分、電気料金を値上げしなければなりません。

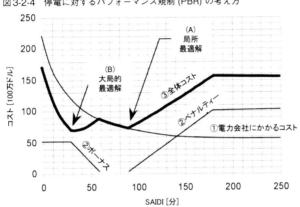

図3-2-4　停電に対するパフォーマンス規制（PBR）の考え方

　ここで「電気料金が上がるのはけしからん！」という国民からの声が大きかったり、政府が電気料金を上げてはいけないなどと料金規制をした場合、電力会社（ないし送電会社）は停電時間を下げる努力をしづらくなります。もちろん、無駄なコストを削って経営効率化は真っ先に進めなければなりませんが、電気料金の値下げ圧力があまりに大きくなりすぎると、本来正当と認められる必要な対策コストまで削るハメになってしまいかねません。

　そこで、図3-2-4の曲線②ように、低い停電時間を達成した電力会社（ないし送電会社）にはボーナスを与え、停電時間が長かった電力会社にはペナルティーを与える、という方式が提案され、米国をはじめとするいくつかの国でこのような形のパフォーマンス規制が議論されています。これにより、社会全体のコストは曲線①と②の和である曲線③となるた

め、多くの電力会社（ないし送電会社）が経済原理に従って経営努力を行い、最終的には大局的最適解(B)、すなわち需要家あたりの年間停電時間(SAIDI) が30分程度の水準に政策的に誘導できる…という考え方です。特に米国は、図3-1-5で見た通り、先進国とは思えないほどの停電時間の長さを誇って(?)いるので、このような方式が真剣に検討されています。

　もっともこの図はあくまで模式的な図であり、現実にはこの通りにすれば万事うまくいくというわけではないので引き続き議論が必要です。ただ、このような考え方もあり世界で実際に議論されているということは、一部の専門家だけでなく、一般の方々にもぜひ知ってもらいたいと思います。

　「電気料金が上がるのはけしからん！」と「停電はしてはいけない！」ということを同時に唱えるのは、本来、二律背反のムチャ振りの要求です。我々の電力システムは、我々の生活を安全かつ快適に支えるために、適切な投資が必要であり、それには正当なコストがかかります。

　例えば、一般家庭であれば、数分の停電であればさほどダメージはありませんが（今、私がこの原稿を書いているパソコンも、ノートパソコンなので、停電が発生してもデータのバックアップは無問題です）、データセンターや精密機器工場であれば数千万〜数億円の大損害になるかもしれません。病院であれば人の生き死に関わる問題です。どこにどれだけの投資を適切に行えば社会システムが円滑に安全を保てるのかが問われます。それを十把一絡げに「停電はあってはならない！」と主張するだけではほとんど何も解決しません。

　どの国でもどの地域でも、停電をゼロにすることはできません。図3-2-4に見るように停電時間を低くしようとすればするほど指数関数的にコストは上昇していきます。ゼロリスクではなく、ある一定の確率の範囲内で発生する停電に備えるしかありません。その場合、例えば病院であれば、そのサイトに非常用電源や蓄電池などを設置するコストと、さらに停電時間を短くするために電力システムに投資をするコストと、どちらがより優位性があるかをきちんと定量的に精査しなければならないでしょう。また、そのコストを誰がどのように負担するのかも、公平性と透明

性を担保しながら合意形成を諮らなければなりません。

　余談ですが、デンマークは配電線の地中化だけでなく、将来、超高圧送電線をも地中化するということが国会で決まっています。そのニュースを聞いた時、筆者もデンマークの電力の専門家に「ただでさえ世界で一二を争うくらい高いデンマークの電気料金が、送電線の地中化によってさらに高くなってしまうと思いますが、デンマーク国民はその点についてはどう考えているのでしょう？」と尋ねたのですが、返ってきた答えは「いや～、それはデンマークの国民自身（国民の意見を代表する国会）が決めたことだから、我々はその意見を尊重するしかないよ」と、あっさりしたものでした。デンマークの送電線の地中化は主に景観の問題が争点のようですが（日本ではあまり考えられないことかもしれませんが、欧州では風車はOKでも鉄塔や送電線はNGという人は多いのです）、送電会社にとっては事故率や停電率の観点からも重要で、国民の間で合意形成できたのであれば、地中化への投資は魅力的な案件です。同じような議論が日本であるとしたら、日本ではどのような合意形成がなされるでしょうか？

　また、かつて筆者が欧州の動向調査に行った時にドイツの規制機関の方に電気料金についてインタビューしたときのことですが、「電気料金の高い少ないと貧困対策を混同してはいけない。社会的弱者に対する対策は別の政策で行うべきもので、電気料金が高いと貧しい人が困ると主張する人もいるが、社会福祉政策の不備のせいでエネルギー政策にしわ寄せがくるのはよいことではない」とはっきりと述べていたことを印象深く覚えています。

　単に停電時間が短いかどうかで一喜一憂するのではなく、停電とコストの問題を国民全体で深く議論することが重要です。この問題に関しては、本シリーズで刊行予定の『経済・政策編』でより詳しく深堀りしていくことにします。

第3章　停電と電力の安定供給：停電は絶対起こってはならない？　79

3.3 大停電(ブラックアウト)を防ぐには?

ブラックアウトの恐怖

ブラックアウトとは、単なる「大停電」や「広域停電」ではありません。電力システム内の（あるいは電力システム内の相当のエリアの）全ての発電所の発電機が停止してしまうという非常に甚大な停電です。ブラックアウトが発生する原因は2つあります。

ブラックアウトに至る原因の一つめは、需要が急激に増え、そのときに用意できる電源（発電所）を全てフル稼働しても追いつかない場合です。もう一つは、雷や台風などで送電線が一本切断されるなど、小さな系統事故が発端となる場合です。

上記のいずれの場合も、需要と供給のバランスが崩れ、電力システム全体が不安定になり、発電機や送電線が故障するのを防ぐための保護装置が次々と動作して電力システムの状態がまた変わってしまい、さらにバランスが悪くなり、それがドミノ倒しのように連鎖的に広域に広がる…という**系統崩壊**に至ります。

ブラックアウトの厄介なところは、実際に事故のあった場所から遠く離れたところで一見何の被害がないように見えても、需給バランスが崩れた末に発電所や変電所が全て止まってしまい、全域が停電してしまうことです。特に1.3節の図1-3-4で見たように欧州などは大陸レベルで複数の国が一つの大きな同期エリアを形成しているので、一度系統崩壊が起こってしまうと、国（制御エリア）を超えて広範囲に広がっていく可能性があります。

一度ブラックアウトになると、復旧に多大な時間がかかることがあります。故障や不具合もなく燃料があるからといって発電機を各自で勝手に起動することは許されず、また外部電源がないと起動ができない発電所もあり、決められた手順で中央給電指令所が指令を出しながら順番に一つずつ発電機を起動し、同期を取って需給バランスと周波数を確認しながら電力システムに電源に投入していく作業が必要となります。これには数時間、ときには数日かかるケースがあり、被害が広範囲に広がるというだけでなく、この復旧までの長さも問題です。当然ながら供給支障による人的・物的損害も天文学的な数字に達します。

　ブラックアウトは過去にも世界中で実際にいくつか発生しており、2000年7月および2001年1月の米国カリフォルニア州、2003年8月北米北東部、2003年9月イタリア、2006年11月欧州全域など、数年に1度の割合で先進国でも発生しています。つい最近では、2016年9月にオーストラリアの南オーストラリア州で記録的な暴風雨により送電線が短時間のうちに5ヶ所切断され、その結果、電力システムのバランスが崩れ州の大部分が停電になり、復旧に約3日間かかりました。

　なお、日本では1995年の阪神淡路大震災や2011年の東日本大震災の際に広範囲な停電が起きましたが、これは地震や津波という自然災害の性格上、電力設備の被害も面的に広がり復旧にも時間がかかったためで（実際に被災地以外の発電所も止まり、その立ち上げに時間を要したことも報告されていますが）、厳密にブラックアウトの範疇に入るかどうかは意見の分かれるところです。

　また、2006年や2015年に東京で比較的広域な停電がありましたが、これは停電範囲も制御エリア全体や同期エリア全体に広がることはなく、数時間のうちにはほぼ全面的に復旧しています。事故があった箇所から遠く離れた場所で実際に運悪く停電になってしまったエリアの人たちにとっては納得がいかないかもしれませんが、諸外国の事例から比較すると、停電が比較的狭い範囲ですみ、これだけ短い時間で復旧したというのは、やはり日本の電力システムの技術力の高さを誇って良いと思います（もちろん、これは事故後の対策の話であり、元々の事故発生を未然

第3章　停電と電力の安定供給：停電は絶対起こってはならない？　│　81

に防ぐことも重要です）。

また、2011年の原発事故直後（2011年3月14～28日）に東京電力管内で実施されたような計画停電は、別名ブラウンアウトとも呼ばれますが、これは上記のようなブラックアウトを未然に防ぐために、あらかじめ部分的な停電を計画的に実施するものです。最終手段としてはこのような計画停電もやむなしですが、これもやはり生活や生産には不便なので、事前に合理的な対策を行い、できるだけ避けたいところです。

停電に対する確率論的な考え方

「ブラックアウトが発生する原因は2つあります」と前述しましたが、それに対応する形で、電力システムの供給信頼度（電力の安定供給がきちんと維持できるかの度合い）を評価する手法として、**アデカシー**(adequacy)と**セキュリティ**(security)という2つの指標があります。この2つの用語は大学の電気工学の専門課程でないと習わないような極めつきの専門用語ですが、停電を理解する上で重要な概念なので、ここで少し頑張って説明したいと思います。

まず、アデカシーとは、電力システムの設備が充分に用意されている（電気が足りている）ことを示す指標です。一般にどのエリアも特に夏の一番暑い日中や冬の一番寒い夜などに電力のピークを迎えますが、その時にそのエリアの全ての発電所をフル稼働しても電気が足りない！ということがないように備えなければなりません。

しかし、ここで「絶対に足りないことはあってはならない！」といったゼロリスク論ではなく、冷静に「もしかしたら足りなくなることもあるかもしれない」、「それはどれくらいの頻度で発生するのか？」を確率論的に測るのがアデカシーという指標です。具体的には**電力不足確率**(LOLP: Loss of Load Probability) や**電力不足時間**(LOLH: Loss of Load Hours) という数値で計算される指標があります。

図3-3-1はLOLPやLOLHの評価方法を簡単に説明したものです。図(a)は、ある国やエリアでの時間あたりの消費電力量（すなわち電力）の推

82

移を年間歴時間8,760時間（= 24時間 × 365日）の時系列曲線として描いたグラフです。

　仮にその国やエリアの供給力（最大発電能力）が図(a)の点線で示されると、点線よりも上の領域では供給力不足（発電不能）が発生することになります（図では説明のしやすさのため供給力を低く見積もっていますが、これは現実的な値ではないことに注意して下さい）。

　図(a)の時系列曲線だけではよく分からないため、図(a)のデータ（ここでは8,760点）を降順に並べ替えたグラフを図(b)のように描き直すことにします。これは**持続曲線**と呼ばれ、発電や需要などの電力システムの状況を確率統計的に処理する際によく用いられる手法です。

図 3-3-1　電力不足確率 (LOLP) および 電力不足時間 (LOLH) の求め方

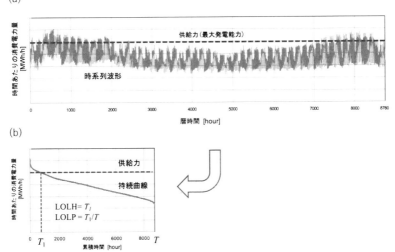

　この持続曲線と元の供給力の直線との交点から、LOLPおよびLOLHが図(b)中の式のように計算できます。LOLHは単純に供給力が足りなくなる時間なので、交点の垂線を下ろした点 T_1 で計算でき、LOLPはある期間 T（年間の場合は8,760時間）に発生する確率なので、T_1/T で算出されます。このような形で、各国・各地域で、過去の気象データや需要データ、発電所の稼働や投資状況をもとに確率統計的分析を行って将来

のアデカシー（電気が足りるかどうか）を予測するのが、今日多くの国で取られている信頼度評価手法です。

　ここで重要な点は、電気が足りるかどうかを確率論的に推測する、という点です。海外では北米や欧州を中心に、このような指標を使った確率論的な信頼度評価の手法が一般的になりつつあります（もちろん日本の電力会社も一部取り入れています）。

　例えば、北米では広く「1-to-10基準」として知られているアデカシーの基準があり [16]、これは10年に1日の割合で大停電が発生する可能性があるということをあらかじめ想定することを意味します。電力不足確率 (LOLP) に換算すると発生確率は0.027%です。

　また、日本では適正な供給信頼度を表す指標と基準として LOLP = 0.3日／月（発生確率1%に相当）が昭和30年から長く用いられていましたが [17]、実はこのような確率論的な基準が古くから決められているということ自体、一般にはあまり知られていないかもしれません。日本全体の電力システムの運用のあり方を協議する電力広域的運営推進機関では、現在、上記の基準の検証と見直しの議論が進められているところです [17]。

　図3-3-1で、予想される需要（消費電力）よりも十分に発電所を用意しておけばいいではないか、という考え方もありますが、例えば、現在 LOLP = 0.02%の基準で計画されていたものを0.01%にして信頼度を上げよう！といった時に、どうすれば良いでしょうか？ 単純に、発電所を追加で建設する案がまず考えられますが、その発電所は年に0.01%しか発生しない電力不足に備えるためのものなので、年に0.01%しか稼働しないことになります。その発電所のコストは誰がどのように負担すれば良いでしょうか？

　「10年に1日の割合」という表現をすると、「そんな確率でも停電があるのはけしからん！」という声もあがってくるかもしれませんが、前節の図3-2-4でも見た通り、停電の時間を確率論的にどんどん短くしようとすると、どんどん対策コストが発生してしまいます。ゼロリスク的な発想ではなく、かけるべき対策コストと予想される被害コストとの適度なバランスをとった合理的な対策手法を考えなければなりません。その考

え方は一般に、**リスクマネジメント**と呼ばれています。

　これは、単に技術だけの問題ではなく、リスクに対してどのように対策し、どのような行動を取るべきかという、リスクマネジメントの問題となります。さらにはその事前対策のコストや万一ブラックアウトが起こってしまった場合の損害を誰がどのように負担するべきかなど、コスト負担の問題は経済や政策の分野で議論すべきものです。したがって、この議論は一部の専門家や企業だけが技術的観点から決めるものではなく、国民全体でリスク管理のあり方について議論すべき問題なのです。

N−1基準という予防的考え方

　一方、信頼度のもう一つの評価手法であるセキュリティは、電力システムに何らかの事故や擾乱が発生した際に耐え得ることができるかという指標です。セキュリティを維持するための重要な概念としては、これまた専門用語を連発して恐縮ですが、**N−1基準**という考え方が世界各国で（日本でも）取られています。

　「N−1」（エヌ・マイナス・ワン）とは、電力システム全体 (N) から事故などで突然ある設備が失われる (−1) ことをあらかじめ想定するという意味で、電力システム設備の最大の構成要素（例えば原子力発電所や超々高圧送電線など）が1ヶ所、何らかの不具合で緊急停止したり断線したりした状態のことを指します。「N−1基準」とは、そのようにある1ヶ所に何らかの故障があったとしても前述の系統崩壊に至らないことを保証する、ブラックアウトを未然に防ぐための基準と考えて下さい。

　これは、電力システムで1ヶ所不具合があっても、その影響が電力システム全体に波及しないという安全裕度を多めに見越した考え方であり、確率論的な考え方に基づかない手法です。かつてのシミュレーションのためのコンピュータの計算能力が非力だった時代でも、膨大な設備を含む電力システムの信頼度評価をする際に、簡単で理解しやすい基準だったともいえます。

　現在では、コンピュータの性能は格段に向上しているので、このN−1

第3章　停電と電力の安定供給：停電は絶対起こってはならない？　　85

基準に適合しているか逸脱しそうかを判断するのは、シミュレーションによって事前にある程度掴むことができます。複雑で巨大な電力システム全体をコンピュータ上でシミュレートし、ほぼリアルタイムで数分先の電力システム上の出来事を予想することも今では相当程度可能となっています。何月何日の何時何分に気温がどれくらいで人々がどれくらい冷房（暖房）を使い、工場がどれくらい稼働するかなどをあらかじめ予想します。さらには、必要があれば自然現象によって出力が時々刻々と変動する風力発電や太陽光発電の出力もかなりの精度で予測が可能となっており、それらを組み合わせた上で、数分先の電力システムの状態を予測します。

　コンピュータ上で、仮想的にある送電線に事故があったと想定してその回路を切ってみて、それによって生じた擾乱が電力システムの他の送電線や発電所に影響がないか、連鎖停電が起こらないかも計算します。欧州の送電会社の中央給電指令所では、このような計算を実際の電力システムの運用に組み込み、複雑なシミュレーションを数分に1回のペースで繰り返しています。

事故分類によるリスクマネジメント

　現在の日本では、事実上このN－1基準からの逸脱が許容されない運用になっています（場合によってN－2が求められる回線もあります）。しかしながら近年、欧州ではN－1基準違反は望ましくない事象としながらも、その発生は「絶対あってはならない」ことにはせず、それが発生してしまった場合はきちんとそれを報告してそれをできるだけ合理的に低減する対策を行っています。

　図3-3-2に示す分類表は、電力システムで発生する事故をリスクの深刻度の順番に4段階に分類するという欧州の評価方法を表しています[18]。この表の中で最も深刻な事故は「スケール3」のブラックアウトです。この評価方法では、N－1基準逸脱は、下から2番目に軽いリスクレベルである「スケール1」事故に位置付けられています。

図 3-3-2　欧州の電力システムのレベル別事故評価（件数は 2014 年の実績）

スケール0 (1035件)	スケール1 (220件)	スケール2 (4件)	スケール3 (0件)
事故時実負荷の1〜5% 負荷遮断（21件）	事故時実負荷の5〜10% 負荷遮断（11件）	事故時実負荷の10〜50% 負荷遮断（4件）	ブラックアウト状態 (0件)
周波数低下をもたらす擾乱 （5件）	周波数低下をもたらす擾乱 （0件）	周波数低下をもたらす擾乱 （0件）	
運用限界に起因しない 送電設備の擾乱（820件）	運用限界に起因する 送電設備の擾乱（120件）	送電設備における擾乱 （0件）	
発電設備における擾乱 （129件）	発電設備における擾乱 （3件）	発電設備における擾乱 （0件）	
5〜15分の電圧基準逸脱 （60件）	N-1基準逸脱 （45件）	系統分離 （0件）	
	15分以上の電圧基準逸脱 （11件）	緊急状態 （0件）	
	30分以上の予備力不足 （2件）		
	30分以上の通信手段の喪失 （28件）		

　なぜならば、N − 1基準はそれに違反したら直ちにブラックアウトが発
生するわけではなく、その状態の時に運悪く送電線事故などが発生した
ら、ブラックアウトに至る可能性があるという状態にすぎないからです。

　このリスクの深刻度の観点から分類するという発想は、まさにリスク
マネジメントの手法です。「事故はあってはならない！」と精神論ばかり
を唱えるのではなく、どのような事故が放置すればブラックアウトに容
易に至る深刻な事故なのか、どのような事故の発生頻度が高くどのよう
に適切な対策を採れば良いのか、などを事故レベルごとに切り分けて分
類し、対策を練るという制度設計の発想が重要です。

　欧州では、このような「事故分類 (incident classification)」や「監視報
告書 (monitoring report)」、「評価報告書 (benchmark report)」などと題
された報告書が山のように公開されています。このような情報収集と情
報分析・評価の手法は、日本の今後の電力システムのあり方にも有益な示
唆を与える手法だと筆者は考えています（余談ですが、筆者は風力発電の
事故分類に対して同様のリスクマネジメント手法を適用した研究を行っ
ており、国際規格や政府の委員会にも参加しています。その点に関して
は『再生可能エネルギーのメンテナンスとリスクマネジメント』（インプ
レスR&D）で詳しく紹介していますので、ご興味ある方はぜひどうぞ）。

　さて、本稿執筆時点で最新のデータがまとめられている文献[18]による

と、2014年は最も軽微な事象である「スケール0」が1035件、「スケール1」が220件、「スケール2」が4件報告されています（図3-3-2参照）。幸いにして「スケール3」はここ数年、ゼロ件です。これに対して、スケール1に分類されるN−1基準逸脱事故は45件であり、平均持続時間は4.5時間でした。つまり、N−1基準逸脱の発生確率は、年間8,760時間に対して2.3%となります。

　N−1基準の逸脱は起こることは「望ましくない事象」ですが、N−1基準を逸脱したら直ちにブラックアウト（≒大規模広域停電）が発生するわけではありません。

　仮にN−1基準逸脱に起因するブラックアウトの発生確率を計算するとしたら、どのようになるでしょうか？　雷などの自然災害や人為的要因によって、そのN−1基準逸脱が発生した瞬間に当の送電線で何らかの事故が発生する確率を計算しようとすると、確率同士を掛け合わせなければいけません。

　仮に雷や台風などで基幹送電線に供給支障事故が年に1回発生すると仮定すると、その発生確率は0.01%になります。そこで、この送電線事故発生確率0.01%にN−1基準逸脱発生確率2.3%を掛け合わせると、N−1基準逸脱となってしまった時に運悪く当該の送電線で事故が発生する確率は、0.00023%となります！

　この天文学的な稀頻度現象に対して、万一事故が発生した場合の損害コストがどれくらいで、それに対してどれくらいのコストをかけてどのような対策をすべきか、と合理的に考えるのが本来のリスクマネジメントの考え方であり、停電に対する備えです。欧州の送電会社は、このような手法を用いて従来のN−1基準を継承しながらも、確率論的な考え方に基づくリスク低減手法を試行錯誤しています。

国民の意識も変わらなければならない

　以上のように、電力システムの設計・運用の本質は、確率論的に発生するリスクに対する適切なリスクマネジメントにある、と言っても過言

ではありません。世間一般では（特にネットなどでは）「停電は絶対にあってはならない」、「そのために人が死んだらどうする？」という意見も多く出てきがちですが、そのようなゼロリスクの考え方は、「事故は絶対に起こらない（はずだ）」という過信や思い込みに容易に転換します。それには我々日本人も 2011 年の原発事故で懲りたはずです。

　ゼロリスクの要求と絶対安全神話は双子の兄弟です。0 か 1 の二元論ではなく、リスクマネジメント的発想に基づき確率論でその発生をあらかじめ想定し、その発生確率を如何に合理的に下げるかを努力するのが本来の科学技術です。ゼロリスクの考え方は不合理に電力料金を増大させ、さらに万一の際の事故の際に取るべき対策が全く講じられていないという、不適切なリスク対応（リスクマネジメントの不在）に陥りがちです。このことを我々は常に注意しなければなりません。

　北米や欧州など世界の主要先進国の電力システムの運用はこのように確率論的手法にシフトしつつあります。日本でも、少なくとも学術レベルではさまざまな提案や試みが行われていますが、これは一部の専門家や電力会社（2020 年以降は送電会社）だけに任せればよいわけにはいきません。なぜなら、仮に国や電力会社（送電会社）が停電対策に対して確率論的手法を実施しようと試みた場合に、「停電は絶対にあってはならない！」などというゼロリスク的な声が国民の側から起こったら、その試みは容易に後退してしまうからです。停電は、本来、常にある一定の確率で発生するということを想定すべきですし、実際に発生したらどのような対策を採るべきかも広く議論すべきです。

　事故や大停電はある一定の確率で起こりうるということを冷静に確率論的に考え対策を練るというリスクマネジメント的な発想と理念は、研究者や現場の技術者だけでなく、政策決定者やジャーナリスト、さらには一般の方々にも共有されなければなりません。我々国民の意識も変わらなければいけないのです。

第 3 章　停電と電力の安定供給：停電は絶対起こってはならない？　　89

第4章 連系線と協調制御：スマートなグリッドとは？

4.1 連系線って何のため？

　1.1節で、日本は海に囲まれた小さな島国にもかかわらず、電力システムの規模は欧州や北米に比肩するレベル（日本：欧州：北米＝1：3：5）だということを述べました。また、日本は確かに諸外国とは一本も送電線がつながっていない（連系されていない）孤立系統であるものの、欧州や北米の電力システムもまたその規模に比較して外部との連系線は極めて小さく、同様に巨大な孤立系統であることがわかりました。

　本章では、この連系線に着目します。とりわけ、外部とつながっている連系線ではなく、電力システムの中の制御エリア同士の連系線がどのようにつながっているか日本と欧州を比較することにします。日本の場合は電力会社（制御エリア）同士を結ぶので**会社間連系線**、欧州の場合は、送電会社（制御エリア）間の連系線ですが、1国1送電会社の制度を取っている国が多いため、基本的に**国際連系線**と同じ意味になります。

なぜ連系するのか？

　なぜ異なる電力システム同士を連系線でつなぐのでしょうか？ 連系線をつなぐとどのようなメリットやデメリットがあるのでしょうか？

　一般に、制御エリアや同期エリア同士をつないで規模を大きくすれば、電力システム全体の発電機の数や容量は大きくなり、ちょっとした変動があったとしても調整がしやすくなります。それを制御エリア間で共有することができれば、全体で備えるべき調整力を無駄に持つこともなく、結果的にコストが安くなります。これが連系線でつなぐことの大きなメリットです。

92

一方でデメリットもあります。3.3節で論じたように、電力システム内のある地点で発生した事故によって全体の需給バランスが崩れ、連鎖停電が起き、停電が広域に波及してしまう可能性があります。

　確かにこれはデメリットとして認識しなければなりませんが、前節で議論した通り、ここは冷静なコスト分析を行って、メリット・デメリットどちらの方が大きいかを科学的・定量的に評価すべきです。少なくとも欧州や北米では広域連系した方が得られるメリットははるかに大きいという考え方から、連系線の新設や増強が進んでいます。

連系線を日欧で比較すると

　図4-1-1に日本の電力会社（制御エリア）とピーク電力（2016年度）と会社間連系線の容量（2016年度の運用容量最大値、順方向と逆方向で値が異なる場合は大きい方の値）を示します。なおこの図は、1.3節の同期エリアのところで提示した図1-3-1と同じ縮尺で描いています。

　また、図4-1-2に欧州大陸の主要部分の送電会社（制御エリア。ただしドイツと英国は複数の制御エリアを1つに統合）のピーク電力（2016年）と連系線容量（2016年の運用容量最大値、順方向と逆方向で値が異なる場合は大きい方の値）を示します。

　これらの2つの図は同縮尺で描かれているので、それぞれを見比べると、日欧の電力システムの中で制御エリア同士を結ぶ連系線のあり方がよく把握できます。

図4-1-1　日本の電力会社（制御エリア）のピーク電力と連系線

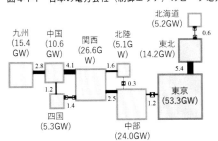

第4章　連系線と協調制御：スマートなグリッドとは？　93

図4-1-2 欧州(部分)の送電会社(制御エリア)のピーク電力と連系線

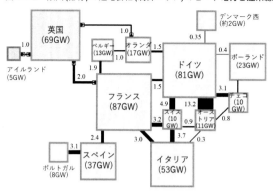

　図4-1-2を見ると、確かに特にスイスを中心に密な連系線が張られていたり、ドイツとオーストリア間の連系線が非常に太いなど、「欧州は連系線が豊富にある」という印象があります。ドイツとオーストリアは電力市場の価格帯を決めるゾーンが同じであるなど、ほとんど一体運用に近い協調制御を行っているため、このような密な国際連系線はむしろ欧州全体の中では少数派です。

　日本ではよく「ドイツで再エネが推進できるのはフランスの原子力に助けられているおかげ」という主張も見られますが、ドイツ＝フランス間の連系線容量は1.5GWにすぎず、それぞれの国のピーク容量に対する比は、フランスで1.7％、ドイツで1.9％程度しかありません。

　対して、日本はどうでしょうか？ 1.2節でも取り上げた東西の50Hz/60Hzの周波数変換所（距離がゼロの直流送電）の容量は確かに両岸の同期エリアの容量に対して小さいですが、とりわけ中西日本エリアでは、関西電力のエリアを中心に複数のルートで比較的太い連系線が結ばれていることがわかります。

数値とグラフで比較すると

　このことを客観的に示すために、各制御エリア（日本は電力会社、欧州は送電会社≒国）のピーク電力に対する隣接エリアへの連系線の総容量の比を調べてみることにします。

図4-1-3は、日本の各電力会社（制御エリア）の連系線容量率（ピーク電力に対する隣接エリアへの連系線の総容量の比、2016年度）を示したグラフです。また、図4-1-4は欧州大陸主要国の各送電会社（制御エリアの）の連系線容量率（2016年）を示したグラフです。

図4-1-3　日本の電力会社（制御エリア）の連系線容量率

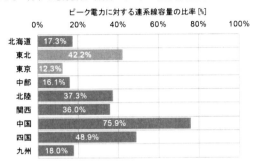

図4-1-4　欧州の送電会社（制御エリア）の連系線容量率

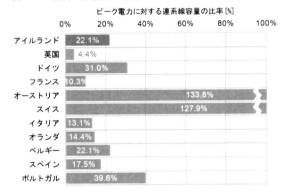

　図4-1-3に見る通り、日本では特に中西日本の北陸、関西、中国、四国のエリアで連系線が豊富にあり、特に中国電力は75%もの高い数値を誇っていることがわかります。

　対して欧州はどうでしょうか。確かにオーストリアやスイスは連系線容量率が100％を超えており、文字どおり「連系線が豊富にある」ことを体現しています。しかし、これらの国は欧州の中でもむしろ例外であり、連系線容量率が比較的多い国でも30%台、多くの国では連系線容量

率は20%未満であることがわかります。

東京電力のエリアは連系線容量率が低い値となっていますが、これはフランスと同じで、もともと自身の持つピーク電力が大きいためです。さらに、日本の中で最も連系線容量比率が低いのは北海道ですが、これはアイルランドと似ています。

北海道では、現在第2北本連系線の新設工事が進められており、2019年3月には連系線容量が現在の0.6GWから0.9GWに増強される予定です[19]。アイルランド島とグレートブリテン島の間には、もともと0.5GWの直流送電線が北アイルランド＝スコットランド間の1ルートしかなかったところを、2015年にアイルランド共和国＝ウェールズ間にもう1ルート0.5GWを増設したという経緯があり（1.2節の図1-2-4も参照）、この点も北海道と似ています。

連系線は使われているか？

ここまでに議論は、連系線の容量の話でした。いわば、隣のプールに水を移す際に、そのパイプが太いかどうかという議論です。そこで今度は、実際にそのパイプの中に水が流れているかどうかを検証してみます。

図4-1-5は欧州の主要な国際連系線と日本の会社間連系線の利用率を比較したグラフです。ここで利用率とは、図4-1-1や図4-1-2で示した連系線の容量（正確には運用容量の年間最大値）を基準に、実際にその連系線に流れた年間電力量を統計データから算出したものです。

この図から、欧州の主要送電線では、多いところで60〜70%台、少ないところでも30〜40%の利用率となっています、特に交流の連系線で70%台の利用率があるということは、年間を通じて多くの時間帯で運用容量（すなわち安全に電気を流せる限界）ギリギリまで使い倒しているというイメージです。これは、欧州では電力市場を介した取引が活発で、しばしば国境に関係なく取引が行われるため、流通経路（連系線）が空いていれば使うという状況になっているからだと考えられます。

一方、図4-1-5右図に示された日本の会社間連系線の利用率ですが、一

部の線で80%近くの数字を叩き出しているものの、多くは20%未満にすぎないことが見て取れます。連系線はがら空きの状態で、せっかくつながっているのに十分活用されていない状態です。これは、日本の電力システムの設計思想が、長らく各電力会社（制御エリア）単独で需給調整を行っており、会社間連系線は万一の緊急時の応援融通用としての地位しかなかったからだと推測されます。現在、日本では電力市場を介した電力取引のシェアは日本の消費電力量全体のわずか2.6%しかなく（文献[20], [21] より筆者算出）、市場取引が活性化しているとはいえない状況です。一方、欧州では欧州大陸のEPEX市場のシェアは42%（オーストリア、スイス、ドイツ、フランスの前日市場、文献[22], [23] より筆者算出）、北欧のNordPool市場に至ってはシェアが83%（北欧およびバルト系統前日市場、文献[22], [24] より筆者算出）もあり市場取引が活性化しているため、国境を超えた取引も活発で、連系線も「空いていたら誰かが使う」という状態です。せっかく今現在あるアセットを有効活用するにはどうしたらよいかは、電力市場を如何に活性化させるかという問題にもつながってきます。

図 4-1-5　日本および欧州主要連系線の利用率 (2014年)

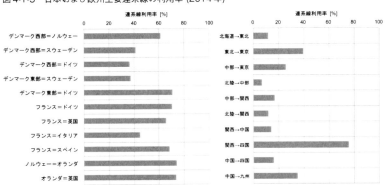

このように、実際にデータで比較してみると一目瞭然で、「欧州は連系線が豊富」という主張は欧州の中でもごく一部の例外的な国しかイメージしておらず、また「日本は連系線が少ない」という主張もデータの裏付けがないことがわかります。このような言説は電力の専門家でもうっ

第4章　連系線と協調制御：スマートなグリッドとは？　｜　97

かり口にしてしまう場合もあり、データとエビデンスで語ることの重要性がこの「欧州は連系線が…」の神話から得られる教訓です。

4.2 欧州は「メッシュ型」で日本は「くし型」？

　前節で、実際のデータをもとに「欧州は連系線が豊富で日本は少ない」という神話を解体しましたが、もう一つ日欧比較の際によく言われる主張が、「欧州の電力システムはメッシュ型で、日本はくし型」という主張です。

　これも電力にある程度詳しい専門家ほどしばしば主張する傾向にありますが、その枕詞に続けて「だから日本は再エネが入らない」という理由（言い訳？）に発展するケースも多く見られます。本節ではこれについても検証します。

くし型とループ型とメッシュ型

　電力系統の形状を表す言葉に、**くし型**、**ループ型**、**メッシュ型**という形容がよく用いられます。図4-2-1にそれぞれの概念図を示します。

図4-2-1　電力システムのさまざまな形状

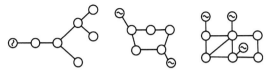

放射型系統　　ループ型系統　　メッシュ型系統

　一般に、事故時の停電の起こりにくさという観点からは、メッシュ型＞ループ型＞くし型（または放射型）の順に有利だといわれています。また、停電の影響が広範囲に波及しないという観点から見ると、くし型

（放射型）＞ループ型＞メッシュ型の順に有利だとされています[25]。

　また、ループ型やメッシュ型の場合、**ループ潮流**と呼ばれる予測がしづらい電力の流れが発生します。例えば三角形状の電力システムがあったとして、A地点からB地点に電気を送りたいのに、A→Bではなく、A→C→Bと送られてしまうこともあります。電気は抵抗（交流ではインピーダンス）の低いところほど流れやすいという性質を持っているためですが、どの線路の抵抗（インピーダンス）が低いかは、そこにつながっている全ての発電機や負荷（モータや照明など）の状態により時々刻々と変わるため、簡単に求められるものではありません。

　コンピュータシミュレーションではかなり複雑な電力システムまで解析できますが、やはりちょっとした気温の変化や予期せぬ事故などによって電力システムの状態は変わってしまうので、誤差はつきものです。したがって、このループ潮流の計算はループ型やメッシュ型など電力システムの構成が複雑になるほど、なかなか予測しづらく（誤差が大きく）なるのが一般的です。ループ型やメッシュ型はそのような厄介な点を持っているのも事実です。

　では、日本や欧州の電力システムの形状はどのようになっているのでしょうか？ 実際に見ていきましょう。

日本はくし型？

　図4-2-2は日本の電力システムのうち、基幹系統（各電力会社管内の最も電圧階級の高い送電線）の接続状況を示した図です。

　一目見てわかる通り、日本の国土と同じく、東西および南北に長い形状をしています。特に北海道から東京までは一本線でしかつながっておらず（実際には1ルート2回線で送っているものの）、このような形状は**長距離くし型**系統と呼ばれることもあります。また、北海道と東北、東北と東京の間は、一箇所でしか連系点がないことから、**一点連系**とも呼ばれています。

　一方、中西日本の系統では、九州と中国の間にしか一点連系はなく、

それ以外は複数点で連系しています。特に中部から関西、中国、四国の部分は、ループ型を構成しています。

図4-2-2　日本全体の基幹系統

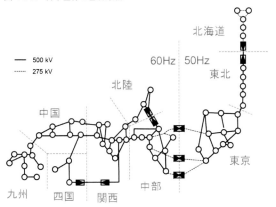

なお、東京電力のエリアに着目すると、少し送電線が密になっているようにも見えます。そこで、この部分をクローズアップしてみると、図4-2-3のような図になります。

この図に見る通り、東京電力の制御エリアの中ではメッシュ型に電力システムが構成されていることがわかります。

また、この図をよく見ると、いくつかの送電線は東京電力の管轄エリアを超えて、福島県や新潟県まで延伸していることに気づきます。お隣の東北電力の管轄エリア内にある発電所としては、福島第一・第二原発や柏崎刈羽原発は有名ですが、原発だけでなく水力発電も多く見られます。関西電力も同様に、中部電力・北陸電力のエリア内に多くの発電所を所有・運営しています。

このような電力システムの構成の仕方は（今ではもうあまり言われなくなりましたが）**凧揚げ方式**と呼ばれます。東北電力の管轄エリア内に発電所が建設されているので、単純に東北電力がその発電所を所有して、東京電力に連系して電力取引をすればよいという考えもあるかもしれません。しかし、戦後、現在の地域独占型の日本の電力会社ができる過程で、その当時は凧揚げ方式が良いという判断が下されたようです。

図4-2-3　東京電力の基幹系統

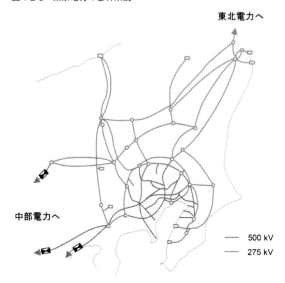

欧州はメッシュ型？

　一方、欧州の電力システムはどうでしょうか？ 確かに前節の図4-1-2を見ただけでも、一目見てメッシュ型だとわかります。欧州大陸の部分は確かにそうです。

　では、欧州至るところ全てメッシュ型かというと…、どうやらそうではなさそうです。図4-2-4に北欧の基幹系統図を、図4-2-5にイタリアの基幹系統図を、図4-2-6にポルトガルの基幹系統図を示します。また、英国のグレートブリテン島の系統図はすでに1.2節の図1-2-4で示した通りです。

　スウェーデンは南北に長い送電線を多数持ち、お隣のノルウェーとも3点で連系されており（下位の220kV階級でもう1点連系）、スカンジナビア半島全体でループ型を構成しています。イタリアの電力システムは教科書通りのループ型の典型例のようです。ポルトガルは複数の地点で隣国のスペインと連系していますが、国内の送電線は南北に長く典型的なくし型を構成しています。このように、一口に欧州といっても各エリアごとに状況はさまざまで、欧州大陸エリアの中央部以外はむしろループ型の方が多いともいえます。

図 4-2-4　北欧の基幹系統　　　　　図 4-2-5　イタリアの基幹系統

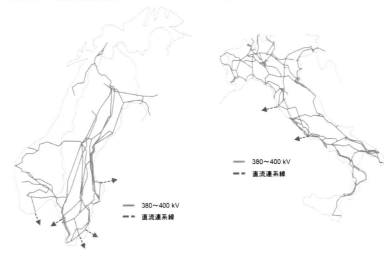

図 4-2-6　ポルトガルの基幹系統

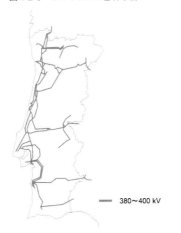

日本は今後どうするべきか？

　以上の通り、「欧州はメッシュ型」、「日本はくし型」といわれることが多いものの、実際はそんなにステレオタイプな類型化が簡単にできるわけではなく、日本でもくし型・放射型や一点連系の部分はむしろ少数派であり、欧州でもメッシュ型でないエリアも多いことがわかりました。

　では、日本の電力システムは今後どうあるべきでしょうか？

日本の一点連系の設計思想は、前節でも述べたように会社間連系線がもともと万一の緊急時の応援融通用に作られた、という経緯にも関連します。常時の取引はこれまであまり想定されてこなかったので、最低限1ヶ所だけで連系しておけばそれで十分でした。前節の図4-4-5で見た利用率の低さがそれを物語っています。

　しかし、21世紀の今、技術の進歩に伴い、再生可能エネルギーや分散型電源が大量に導入される時代になってきました。電力市場を通じた取引も世界各地で活性化している時代です。かといって、日本はその固有の細長い国土の形状から、欧州のようなメッシュ型を目指すというのも無理な話です（メッシュ型が可能な大きな関東平野を持つ東京電力管内ではもうすでにメッシュ型になっています）。欧州のメッシュ型が万能な解決策だというわけでもありません。

　ここで再び、図4-2-2を見てみましょう。図4-2-7に同図の主要部分の拡大図を示します。実はこの日本の電力システムの系統図から、日本の未来も見えてくるような気がします。

図4-2-7　中西日本の基幹系統（図4-2-2の部分）

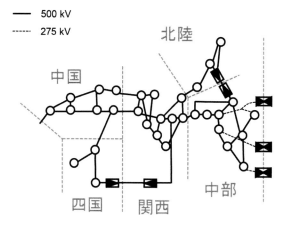

　図をよく見ると、関西と四国の間の連系線（阿南紀北線）は通常の連系線と異なる記号が描かれています。これは直流送電の記号で、すでに本書でも何度も登場した北本連系線と同じです。とはいえ、関西と四国

は中国を介して交流でつながっており、すでに同じ同期エリアに所属しています。なぜわざわざこの線を直流にするのでしょうか?

　似たようなことは、中部と北陸の間（南福光連系所）にも見られます。ここも中部と北陸は関西を介して交流でつながっているのに、直流で「縁切り」されています。しかもこの場所は北本連系線や阿南紀北線のように海峡があるわけではありません。名前も「連系線」でなく「連系所」であり、50Hz/60Hzの間の周波数変化所と同じく「距離がゼロ」の直流送電です。なぜわざわざこのようなことをするのでしょうか?

　そのヒントが、本節の冒頭で述べたループ潮流です。ループ型やメッシュ型にすると予期せぬループ潮流が発生するのがこれらのデメリットのうちの一つでしたが、これは交流回路ゆえに発生するものでした。一方、図4-2-7のように、関西＝四国間や中部＝北陸間の連系線はループの途中で直流連系線が入っている形になります。直流連系線は、1.2節の図1-2-2で見たようにパワーエレクトロニクス技術を用いて交流→直流→交流に変換するというインテリジェントな方法を用いたものです。この変換装置（コンバータ）をうまく制御することにより、そのまま交流でつながっていたとしたら発生してしまうかもしれないループ潮流を人為的にコントロールすることが可能になるわけです。

　この阿南紀北線と南福光連系所が完成したのは、ちょうど世紀の変わり目の2000年と1999年です。筆者もちょうど阿南紀北線のケーブル敷設工事を行っているところに船に乗って見学したことがありますが、それ以前、筆者の学生時代は「日本の電力システムは長距離くし型一点連系」と覚えたものでした。しかし、実は2000年を境に長らく日本の電力システムの代名詞であった「長距離くし型一点連系」の時代は終焉を迎え、少なくとも中西日本エリアの大部分は広域のループ型に変貌したのです。

　しかも、ループ型やメッシュ型のデメリットであるループ潮流も直流連系線を間に挟んで縁切りすることにより、それをうまく回避する見事な構造になっています。日本の電力システムは素晴らしい!

　20世紀の後半にこのプロジェクトを計画・建設した当時の日本の電力マンたちは、当時のコンピュータでは計算や予測が厄介だったループ潮

第4章　連系線と協調制御：スマートなグリッドとは?　　105

流を避けるために直流連系線で「縁切り」したのだと推測されますが、21世紀の再生可能エネルギーや分散型電源の時代を予見していたのかどうかまではわかりません。しかし、この日本の系統構成は結果的にくし形とメッシュ型の両方の利点を維持したままそれぞれの欠点を減じて停電に強いシステムとして出来上がっています。このシステムは、確実に過去から今日へ、そして未来へと受け渡される素晴らしい技術遺産だと、少なくとも筆者は考えています。

　同様に、現在、東北電力と東京電力の間は図4-2-2に見るように一点でしか連系されていませんが、一方で図4-2-3ではまさに凧をあげたように東北電力管内まで伸びた送電線が多くあり、両社の送電線がクロスしているところもあります。実際、現在でも東京＝東北間は、275 kV送電線の複数のルートで物理的につながっています。例えば、常磐共同火力が所有する福島県太平洋沿岸の勿来発電所や電源開発が所有する福島県西部の奥只見水力発電所は、東京電力にも東北電力にも売電しています。

　もちろん、電力システムの計画は綿密にバランスよく行わなければならないため、今すぐ簡単につなぐわけにはいきませんが、今後このエリアで、莫大な投資をして全く新たに長い送電線を建設せずとも、多点連系に切り替える余地や素地は十分残されているといえるでしょう。

　また、前節でも紹介した通り、北海道と東北の間は2019年には2点連系になる予定です[19]。

　「欧州はメッシュ型」、「日本はくし型」という主張は一部分だけを見れば間違いではないものの、単純なステレオタイプ化は現状を的確に把握する目を曇らせるだけでなく、思考停止をも招きかねません。欧州の電力システムも日本の電力システムも、エリアによって多様であり、そのエリアに即した工夫や解決方法はさまざまにあるということが、本節の日欧比較から得られる結論になるでしょう。

4.3 真にスマートな電力システムとは？

　電力システムはただ単に電線を物理的につないで電気を流せば良い、というだけでなく、基本的に需要と供給を時々刻々一致させなければなりません。

　そのために、電力システムの運用は、電力システム内で起こっていることを時々刻々とモニタリングし、予測し、コントロールし…、という形で「電気を運ぶこと」以外にもいろいろなすべきことがあります。これが電力システムと言われる所以です。電力システムはスマートで（賢く）なければなりません。

　数時間後にどれくらいの電気が使われるか需要予測を行い、どの発電所がスタンバイできていてどれくらいの発電の増減が可能か供給予測を行い（近年はこれに加え自然変動型の再生可能エネルギーの出力予測も加わります）、送電線の利用の状態がどのようになっているかを常にモニタリングしたりするのに必要となるのが情報通信です。

　近年は**スマートグリッド**という言葉も登場し、スマートな（賢い）グリッド（電力システム）の研究も進んでいます。しかしながら、日本のスマートグリッド研究は、どちらかというとスマートコミュニティなどといった別の言葉と結びついて、ローカルな狭いエリアでの小規模な実証実験に留まる傾向にあります。

　対して欧州では（北米やさらには中国などでも）大陸スケールで電力システム全体をスマート化しようとする試みが、スマートグリッドという言葉が登場する以前から行われています。

第4章　連系線と協調制御：スマートなグリッドとは？　107

国を超えた電力取引のためのルール

歴史を遡ると、欧州では国を超えた国際電力取引が、すでに1910年頃には登場しています[26]。国を超えた電力の取引は第二次世界大戦終結直後から本格化し、1951年には欧州発送電協調連合 (UCPTE) という団体が創設されています。

その後、欧州では1996年に発送電分離が行われたため、UCPTE も欧州送電協調連盟 (UCTE) と名前を変え（発電 (Procution) のPが消える）、さらに2008年には北欧など他地域の連盟と合併する形で欧州送電系統事業者ネットワーク (ENTSO-E) という巨大な連盟に生まれ変わりました。このENTSO-Eは、本書でもたびたび登場しています。

上記のように、欧州では早くから国際的な電力取引の活性化が模索されていましたが、発送電分離後に純粋に送電会社だけの連盟になったUCTEでは、2000年には加盟する送電会社間共通の運用手順書 (Operational Handbook) の作成に着手します。この運用手順書はバージョンアップを繰り返しながら、現在のENTSO-Eの中の欧州大陸エリアの手順書として継承されています[27]。

この運用手順書では、通常時の送電会社間のデータのやり取りだけでなく、緊急時の調整力（実際には発電機などの出力を素早くアップ／ダウンさせて調整します）のやり取りの条件や順番なども細かく決められています。

図4-3-1および図4-3-2に、2009年時点での欧州大陸の送電会社間の協調制御の階層的構造を示します。なおここでは、欧州では比較的早い段階から国を超えた協調制御のシステムを作り上げてきたという歴史的経緯を紹介するために、敢えて10年近く前の古い資料を引用しています。運用ルールは常にバージョンアップしているので現在のものとは異なることをご了承下さい。

図に示すように、欧州の各国の送電会社の協調制御は階層的な（ヒエラルキーの）構造になっています。常時は基本的に自身の送電会社のエリア内だけで需給調整をしつつも、自分のエリア内だけで制御するため

図4-3-1　UCTEの送電会社間の協調制御の階層構造1

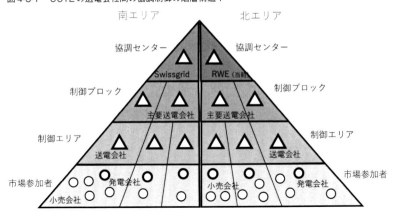

図4-3-2　UCTEの送電会社間の協調制御の階層構造2

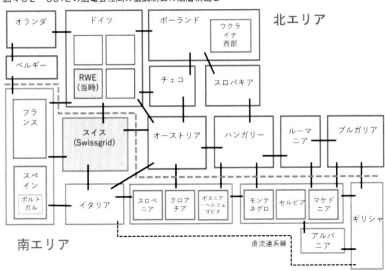

の調整力が足りなくなりそうな場合、その一つ上の階層の送電会社に応援要請が送信されます。

　例えば、ある国の制御エリアの調整力が足りなくなった時に、そのエリアを管轄する送電会社はその一つ上の制御ブロックにある主要送電会社に応援要請信号を送ります。制御ブロックとは、複数の制御エリアの組み合わせで、例えば図4-3-2ではドイツ全体の制御ブロックは4つの制

第4章　連系線と協調制御：スマートなグリッドとは？　　109

御エリア（送電会社）から構成されており、フランス、スペイン、ポルトガルは3ヶ国で一つの制御ブロックを構成しています。

　欧州大陸のほぼ全体を覆う広い同期エリア（図1-3-4参照）を南北に分割し、北エリアのトップとしてドイツの送電会社RWE (現在はAmprion)、南エリアのトップとしてスイスの送電会社Swissgridの中にそれぞれ協調センターを置き、同期系統全体の需給バランスを監視し、必要に応じてその調整のための調整力を国を超えて融通するという仕組みです。

　この仕組みにより、図4-3-3に示すように、A国の送電会社がB国の発電所に（もちろんAB両国の送電会社同士が合意をした上で）直接、調整力を要請する指令を送ることも可能となります。

図4-3-3　他のエリアへの調整力の要請

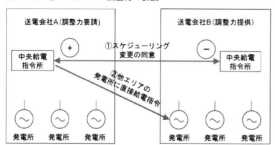

　調整力は専門用語で**予備力**ともいわれ、文字どおり調整するために予備的に待機させておく発電所などの電力設備のことです。例えば需要が100ある場合、供給（発電所）も100用意すればよいというものではなく、万一の事故や需要予測が外れた場合などに備え、すぐに出力を変化できるものを用意しておかなければなりません。

　各エリアでこのような予備的な設備を持って、自分のエリアの範囲内だけのために動かす（または動かさないで待機させる）のは経済効率が悪いので、より広域で連系して、予備力も共有する、というのが欧州の考え方です（米国でもそのような協調体制をとっている地域もあります）。これが4.1節冒頭で述べた連系線でつなぐことの大きなメリットの一つです。

さらに現在では、この国境を超えた調整力を市場取引を介して調達し、連系線を通じて融通するための試みも現在進行形で進んでいます。特にドイツは国内4つの送電会社が入札などそれぞれバラバラに調達していた方式を改め、調整力の調達や融通を効率的に行うために2009年に国内3社体制でGCC (Grid Control Cooperation) という連携体制を作り、翌2010年には国内4社全社が揃って調整力市場を統合しました。その後、この枠組みにはフランスやデンマークなどが次々に参加し、IGCCという国際連携体制に参加する国は2017年末現在ではドイツを含め7ヶ国に拡大しています。

図4-3-4　GCC（ドイツ4社）とIGCC（周辺国含む7ヶ国）

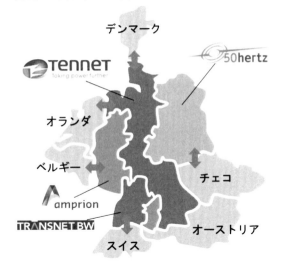

　調整力が必要になった時には、調整力市場でそれを調達することができ、落札された調整力を、連系線を通して「輸入」する権利も同時にもらえます（このような仕組みは、間接オークションと呼ばれます）。自国（もしくは自身の制御エリア）の発電機を動かして調整するよりも、隣の国（制御エリア）の別の設備を動かして調整した方が安上がりな場合は、この方法が抜群に威力を発揮します。

　この結果、ドイツではIGCC設立の2009年以降、再生可能エネルギー

が年々増え、調整力が必要になったにもかかわらず、調整力調達コスト（火力発電の燃料費にほぼ相当）は逆に2/3程度にまで低減することができたという成果が得られています[28]。

　需給調整市場に関しては、日本でも2020年頃までに創設が予定されていますが[29]、一つの国の中で制御エリアや同期エリアを超えて調整力を取引するためのルールがまだ完備されていません。一方、欧州では国や言語を超えて連携する枠組みがすでに何年も前から出来上がっています。そしてそれを作り上げるためにそれ以前から何年も議論して合意形成を図ってきたということは敬服に値します。

国を超えた共通の通信プロトコル

　上記のような国を超えた指令や市場取引が行えるようなシステムを構築する場合、まず重要なのが、通信プロトコルを統一することです。

　前掲のENTSO-Eの運用手順書では、送電会社間の通信プロトコル（方式）についても定めており、IEC 60870-6という国際規格シリーズに準拠したプロトコルが採用されています[30]。このIEC 60870-6シリーズは、もともとTASE.2と呼ばれる通信プロトコルで、その起源は米国の電力中央研究所 (EPRI) が米国の電力事業者 (utility) 間の通信のために開発したものです[31]。

　米国では大中小の電力事業者が数多く存在し少々カオス状態なのは2.2節で見た通りですが、それゆえに電力事業者間のデータ共有や制御信号の統一は急務だったともいえます。米国では現在、このIEC 60870-6シリーズが、発電所や変電所から制御センターまで、電力システム全般のさまざまな情報を交換するために用いられています。

　この米国で開発されたTASE.2が国際規格に「昇格」し、欧州の送電会社の連盟であるUCTE、さらには現在のENTSO-Eに採用されたということは、非常に重要です。日本も研究レベルではこのTASE.2の採用も検討されたようです[32]。しかし、これまで各電力会社は長年独自仕様のシステムを開発してきた経緯があるため、電力会社間の調整やシス

テム統合が難しい一因となっています。

　一般に、国際規格に準拠することのメリットとしては、他社や他機関のシステムと連携が容易になることだけでなく、拡張性が向上し新規技術にも対応しやすくなること、開発費を抑え汎用品を用いることができるためコスト低減にも大きく貢献することなどがあげられます。国際規格を採用せず独自仕様のシステムを使うことのデメリットは上記の全く逆になります（すなわち、他のシステムとの連携が容易でなく、拡張性が難しく、コスト高）。

　一方、国際規格のデメリットとしては、汎用品であるが故のセキュリティの低下があげられます。近年、電力インフラなどを含むサイバーテロがリアリティを持って問題視されており、この対策は急務です。逆に独自仕様であることのメリットは、独自仕様であるが故にサイバーセキュリティに強いということでしょうか（ただし、システム更新を怠ると却って脆弱性が突かれやすい可能性もあります）。

　また、国際規格を他国主導で進められると、日本企業がせっかく長年開発してきたものが海外展開できなくなる可能性もあります。特に東南アジアなど発展途上国はこれから電力分野でも成長が見込まれる有望な市場ですが、そのようなフィールドで欧州勢や場合によっては中国勢に、ごっそり美味しいところを持っていかれる可能性すらあります。規格戦略は本書のスコープではありませんが、日本の電力産業の長期的展望に立った場合、独自規格を永遠に続けるメリットはあまりなさそうです。

真にスマートな電力システムになるために

　上記の国際規格採用のメリットとデメリットの関係は、4.1節で述べた連系線をつなぐメリット・デメリットの関係と非常によく似ています。欧州の電力システムは、ブラックアウトやサイバーテロのリスクも当然ながら考慮した上で、それをはるかに上回るメリットの方を選択し、スマートで協調性や拡張性、柔軟性のある電力システムを志向してきたといえるでしょう。しかも民族も言語も違う約30もの国々が議論しあって

複雑な合意形成をしながら着実にそれを進めています。

　対して、1つの国で1つの言語の日本で、なぜそれが進まないのでしょうか？ 日本でもスマートグリッドの要素技術の研究は盛んですが、せっかくの技術を活かすのも殺すのも規格や法制度です。今後の日本の真にスマートな電力システムのあり方を考える点で、これが最も重要なことだと筆者は考えています。

おわりに（何のための国際比較か？）

　本書では、電力システムのさまざまな特性について、日本と欧州、北米といった地球上の3地域を比較してきました。これまで、断片的に諸外国の電力事情を紹介したり比較をする文献は多く見られましたが、大抵はドイツやフランス、あるいは英国、米国といった「国」同士を比較することが多く、国境で分けられた地域との比較でした。その点で、同期エリアや制御エリアといった、すなわち電力システムの単位で徹底比較検証を行った本は、おそらく初めてではないかと考えています（本当は中国も加えて比較したかったのですが、中国は統計データを集めるのに大きな困難を伴うため、残念ながら本書では断念しました）。

　このような横並びのニュートラルな比較は、おそらく前例がない故に、今まで日本の電力システムに慣れ親しんできた人やある程度電力に詳しい人ほど、違和感を感じるかもしれません。中には「そんな比較は意味がない」、「比較をすること自体がおかしい」という批判があることは筆者もある程度覚悟しています。

　しかし、各国のデータやエビデンスを並べ、素直に比較するのはそんなに悪いことなのでしょうか？ 筆者はここ数年、海外（特に欧州）の電力システムの設計・運用や再生可能エネルギー導入に関して調査研究を続けており、海外情報を日本に紹介することを仕事としていますが、日本と海外を比べるたびに、（少数ですが）「安易に比較をするのはけしからん！」、「日本と海外は違う！」という批判も頂きます。

　最初のうちは面食らって、なぜ比較をすることが悪いのか真剣に悩んだものですが、このような意見を何回か頂くうちに、あることがだんだん見えてきました。電力に関する情報だけでなく、経済に関する国際比較でも同様ですが、平均寿命や失業率、停電時間など、日本がトップクラスになる分野に対しては国際比較をしても批判がない、ということに気がついたのです。

　仮に平均寿命を各国横並びにしたデータを提示したときに、「日本と欧

州ではそもそも気候や食べ物や文化が違うのだから比較は意味がない！」、「日本は特殊で海外とは違う！」という主張をする人がいたとしたら、それはかなりドン引きされるでしょう。それならばなぜ、日本の成績が悪いものに対しては同じ批判が平然と出てくるのでしょうか？ 完全にダブルスタンダードです。

　我々人間は、基本的に見たいものを見ようとし、見たくないものを見た場合にはそれを何とかさまざまな理由をつけて否定したくなります。そのような心理的傾向は正常化バイアスと言われます。ニュートラルな国際比較は、ときどき、我々が見たくもないものを容赦なく見せつけ、それを浮き彫りにすることもあります。それでも（いや、それだからこそ）、国際比較はしなければなりません。21世紀の現在、日本は鎖国をしているわけではありません。グローバルスタンダードが全てだとは私も決して思いませんし、盲目的な欧米追従は愚かなことだと思います。しかし、海外で何が起こっているかに耳目を閉ざして内向きの議論だけで物事を決めてしまうのは、目隠しして全力疾走するようなものなのです。

　国際比較は、過去および現在の統計データを適切に計測して分析する上で非常に重要です。そもそもデータを正しく計測し、公表すること自体も非常に重要な使命ですが（統計データが正しく計測されなかったり公表されない国も多いのです）、さらにそれを客観的に分析したり評価手法を新たに提案したりすることも必要です。例えば筆者の分野とは異なりますが、GDPデフレータ（実質GDPに対する名目GDPの比率で物価変動の程度を表す指数）やジニ係数（所得分配の不平等さを測る指標）などと聞けば、客観的な比較評価の有用性が（万能ではないが有用であることが）はおわかり頂けると思います。

　本書の今回の比較分析に限らずさまざまな国や地域を比較検討した結果明らかになることは、どの国や地域もさまざまに異なる環境があり、問題やトラブルがあり、それにもかかわらずさまざまな努力やソリューションを模索して問題解決を図ってきている、ということです。国際比較は何も画一的なグローバルスタンダードを強いたり他国の物真似をす

るためにあるのではありません。むしろ「多様性」を尊重しアイディア
を出しあうことにあります。さまざまな角度から比較分析をすることに
よって過去の要因を推測し、将来の方向性をポジティブに模索すること
が国際比較の本来の意義なのです。

2018年4月 英国・グラスゴーにて
安田　陽

参考資料

■本文中の参考文献

[1] World Data Bank: Land Area

https://data.worldbank.org/indicator/AG.LND.TOTL.K2?view=map

[2] World Data Bank: Population, Total

https://data.worldbank.org/indicator/SP.POP.TOTL?view=map

[3] International Energy Agency (IEA): Electricity Information 2017

[4] 経済産業省資源エネルギー庁: 「電気事業法等の一部を改正する等の法律」(平成 27 年 6 月 17 日成立) について

http://www.enecho.meti.go.jp/category/electricity_and_gas/electric/system_reform006/

[5] 日本国: 電気事業法, 昭和三十九年法律第百七十号, 平成二十九年五月三十一日公布 (平成二十九年法律第四十一号) 改正

http://elaws.e-gov.go.jp/search/elawsSearch/elaws_search/lsg0500/detail?lawId=339AC0000000170&openerCode=1

[6] 経済産業省資源エネルギー庁: 発電事業者一覧 (2018 年 3 月 15 日時点)

http://www.enecho.meti.go.jp/category/electricity_and_gas/electricity_measures/004/list/

[7] 経済産業省資源エネルギー庁: 登録小売電気事業者一覧 (2018 年 4 月 5 日時点)

http://www.enecho.meti.go.jp/category/electricity_and_gas/electric/summary/retailers_list/

[8] トマ・ヴェラン, エマニュエル・グラン: ヨーロッパの電力・ガス市場 – 電力システム改革の真実, 日本評論社 (2014)

[9] Eurelectric: Power Distribution in Europe Fact & Figures (2013)

http://www.eurelectric.org/media/113155/

dso_report-web_final-2013-030-0764-01-e.pdf

[10] Eurostat: Electricity market indicators

http://ec.europa.eu/eurostat/statistics-explained/index.php/

Electricity_market_indicators

[11] US Energy Information Agency (EIA): Electric power sales, revenue, and energy efficiency Form EIA-861 detailed data files > 2016

https://www.eia.gov/electricity/data/eia861/

[12] 電気事業連合会: 電力統計情報 III. 電灯電力契約口数（2015年度）

http://www5.fepc.or.jp/tok-bin/kensaku.cgi

[13] 電気事業連合会: Infobase2016 (2016)

http://www.fepc.or.jp/library/data/infobase/pdf/infobase2016.pdf

[14] Council of European Energy Regulators (CEER): 6TH CEER Benchmarking Report on the Quality of Electricity and Gas Supply - Annex A: Electricity - Continuity of Supply (2016)

https://www.ceer.eu/documents/104400/-/-/

7b028b43-f188-2b86-a89b-f3de2d7f9356

[15] 経済産業省商務流通保安グループ電力安全課: 平成28年度電気保安統計 (2017)

http://www.meti.go.jp/policy/safety_security/industrial_safety/

sangyo/electric/files/28hoan-tokei.pdf

[16] Johannes P. Pfeifenberger and Kevin Carden: "Resource Adequacy Requirements: Reliability and Economic Implications", prepared for Federal Energy Regulatory Commission (2016)

[17] 電力広域的運営推進機関 調整力等に関する委員会:調整力等に関する委員会 中間とりまとめ (2016)

https://www.occto.or.jp/iinkai/chouseiryoku/files/

chousei_chuukantorimatome.pdf

[18] ENTSO-E: Working Group Incident Classification Scale, ENTSO-E: "2014 ICS Annual Report" (2015)

[19] 北海道電力: 北本連系設備増強工事の概要

http://www.hepco.co.jp/energy/distribution_eq/
reinforcement_summary.html

[20] 日本卸電力取引所 (JPEX): 取引結果＞平成28年度（2016年度）

http://www.jepx.org/market/excel/spot_2016.csv

[21] 電力広域的運営推進機関: ダウンロード情報＞エリア＞需要実績＞
年間

http://occtonet.occto.or.jp/public/dfw/RP11/OCCTO/SD/
LOGIN_login#

[22] EPEX: Annual Report 2016 (2017)

https://www.epexspot.com/document/37740/
Annual%20Report%20-%202016

[23] ENTSO-E: Statistical Factsheet 2016 (2017)

https://www.entsoe.eu/Documents/Publications/Statistics/Factsheet/
entsoe_sfs_2016_web.pdf

[24] NordPool: 2016 Annual Report (2017)

https://www.nordpoolgroup.com/globalassets/download-center/
annual-report/annual-report_2016.pdf

[25] 加藤政一: 日本の電力系統, 電気設備学会誌, Vol.35, No.12, pp.852-838
(2015)

[26] UCTE: The 50 Year Success Story – Evolution of a European
Interconnected Grid

[27] ENTSO-E: Operation Handbook A2 – Appendix 2: Scheduling and
Accounting, Final Version (2009)

[28] R. Kuwataha and P. Merk: "German Paradox Demystified: Why is Need
for Balancing Reserves Reducing despite Increasing VRE Penetration?",
16th Int'l Wind Integration Workshop, WIW17-019 (2017)

[29] 電力広域的運営推進機関:「需給調整市場の創設に向けた システム
開発の検討状況について」,需給調整市場検討小委員会第1回資料6
(2018)

https://www.occto.or.jp/iinkai/chouseiryoku/jukyuchousei/2017/files/

jukyu_shijo_01_06.pdf

[30] ENTSO-E: Operation Handbook P6 – Policy 6: Communication Infrastructure，Final Version

[31] D. Becker: Inter-Control Center Communications Protocol (ICCP, TASE.2): Threats to Data Security and Potential Solutions, EPRI Technical Report 1001977 (2001)

[32] E. Ohba，R. Schimmel，J. J. van der Sligte: Applicability of IEC50370-6 (TASE.2) to the Japanese Utility Communication，電力中央研究所報告 R03010 (2004)

■図表出典等

※「出典」と表記しているものは、元資料をそのまま掲載したものです。「データソース」と記載しているものは、元資料のデータを用いて筆者がグラフ化、図表作成を行ったものです。記載のないものは筆者のオリジナル資料です。

図1-1-1 （データソース）World Data Bank: Land Area
https://data.worldbank.org/indicator/AG.LND.TOTL.K2?view=map

図1-1-2 （データソース）World Data Bank: Population, Total
https://data.worldbank.org/indicator/SP.POP.TOTL?view=map

図1-1-3 （データソース）International Energy Agency (IEA): Electricity Information 2017

図1-1-4 （データソース）経済産業省資源エネルギー庁: 電力調査統計 平成28年度 3-(1)電力需要実績
http://www.enecho.meti.go.jp/statistics/electric_power/ep002/xls/2016/3-1-H28.xlsx
（データソース）ENTSO-E: Statistical Factsheet 2016 (2017)
https://www.entsoe.eu/Documents/Publications/Statistics/

Factsheet/entsoe_sfs_2016_web.pdf

（データソース）ENTSO-E: Transparency Platform > Forecasted Transfer Capacity – Week Ahead

https://www.entsoe.net/transmission-domain/ntcWeek/show

（データソース）US Energy Information Agency (EIA): Electricity reliability data by NERC regions > Noncoincident peak load > Historic, actual 2016, and projections

https://www.eia.gov/electricity/data/eia411/xls/peak_load_2016.xls

（データソース）North American Electric Reliability Corporation (NERC): 2016 Summer Reliability Assessment (2016)

https://www.nerc.com/pa/RAPA/ra/Reliability%20Assessments%20DL/2016%20SRA%20Report_Final.pdf

（データソース）RTO Insider: Mexico's Grid Operator to Explore Participation in EIM (2016)

https://www.rtoinsider.com/mexico-cenace-caiso-eim-33082/

図1-2-1　（出典）Wikipedia: 日本の電力系統，CC BY-SA 3.0

https://ja.wikipedia.org/wiki/商 用 電 源 周 波 数#/media/File:Power_Grid_of_Japan _J.PNG

図1-2-3　Energinetの諸資料をもとに筆者作成

図1-2-4　National Gridの諸資料をもとに筆者作成

図1-2-5　NERC (North America Electric Reliability Council) の諸資料をもとに筆者作成

図1-3-1　（データソース）経済産業省資源エネルギー庁: 電力調査統計 平成28年度 3-(1)電力需要実績

http://www.enecho.meti.go.jp/statistics/electric_power/ep002/xls/2016/3-1-H28.xlsx

（データソース）電力広域的運営推進機関: ダウンロード情報＞連系線＞空容量＞翌日

http://occtonet.occto.or.jp/public/dfw/RP11/OCCTO/SD/

LOGIN_login#

図1-3-2 （データソース）ENTSO-E: Transparency Platform > Total Nominated

https://www.entsoe.net/transmission-domain/r2/totalCapacityNominated/show

（データソース）ENTSO-E: Transparency Platform > Total Load – Day Ahead / Actual

https://www.entsoe.net/load-domain/r2/totalLoadR2/show

それ以外は図1-1-4と同じ。

図1-3-3 （データソース）National Renewable Energy Laboratory (NREL): US Transmission System and B2B HVDC Ties

https://www.nrel.gov/analysis/assets/images/map-analysis-us-hvdc-ties-1450w.jp

（データソース）Hydro-Québec TransÉnergie: Transmission System Overview

http://www.hydroquebec.com/transenergie/en/reseau-bref.html

それ以外は図1-1-4と同じ。

図1-3-4 （出典）Wikipedia: The synchronous grids of the European Union, CC BY-SA 3.0（一部筆者改変）

https://en.wikipedia.org/wiki/Electric_power_transmission#/media/File:Electricity UCTE.svg

図1-4-1 （出典）経済産業省資源エネルギー庁ウェブサイト: 電力の小売全面自由化って何?（一部筆者改変）

http://www.enecho.meti.go.jp/category/electricity_and_gas/electric/electricity_liberalization/what/

図1-4-2 （データソース）電力広域的運営推進機関: ダウンロード情報＞エリア＞需要実績＞年間

http://occtonet.occto.or.jp/public/dfw/RP11/OCCTO/SD/LOGIN_login#

図1-4-3 （データソース）ENTSO-E: Statistical Factsheet 2016 (2017)

参考資料 | 123

https://www.entsoe.eu/Documents/Publications/Statistics/
Factsheet/entsoe_sfs_2016_web.pdf

図1-4-4　（出典）NERC: NERC regions and balancing authorities
http://www.nerc.com/fileUploads/File/AboutNERC/maps/NERC
Regions BA.jpg

図1-4-5　（データソース）EIA: Electricity reliability data by NERC regions
> Net energy for load > Historic, actual 2016, and projections
https://www.eia.gov/electricity/data/eia411/xls/
net_energy_load_2016.xls
（データソース）Natural Resource of Canada: Canada's Electric
Reliability Framework
http://www.nrcan.gc.ca/energy/electricity-infrastructure/18792
（データソース）Western Electricity Coordinating Council (WECC):
State of the Interconnection (2017)
https://www.wecc.biz/epubs/StateOfTheInterconnection/Pages/
Load/Demand.aspx
（データソース）Hydro-Québec: Annual Report 2016 (2017)

表1-4-1　図1-4-2〜図1-4-5に同じ

図2-1-2　（出典）経済産業省:「電力システム改革専門委員会報告書」(2013)
http://www.meti.go.jp/committee/sougouenergy/sougou/
denryoku_system_kaikaku/pdf/report_002_01.pdf

表2-2-1　（データソース）ENTSO-E: Statistical Factsheet 2016 (2017)
https://www.entsoe.eu/Documents/Publications/Statistics/
Factsheet/entsoe_sfs_2016_web.pdf
（データソース）ENTSO-E: Transparency Platform > Total Load
- Day Ahead / Actural
https://transparency.entsoe.eu/load-domain/r2/totalLoadR2/show

図2-2-1　（出典）Wikipedia: German Transmission System Operators:

Tennet，50Hertz Transmission，Amprion，and TransnetBW，CC
BY-SA 3.0

https://en.wikipedia.org/wiki/TenneT#/media/

File:Regelzonen_mit_Übertragungsnetzbetreiber_in_Deutschland.png

図2-2-2　Energy Network Associationの諸資料をもとに筆者作成

図2-2-3　（データソース）EDF: EDF at a glance

https://www.edf.fr/en/the-edf-group/who-we-are/edf-at-a-glance

（データソース）RWE Annual Report 2016 (2017)

http://www.rwe.com/web/cms/mediablob/en/3688522/

data/2957158/7/rwe/investor-relations/reports/2016/

RWE-annual-report-2016.pdf

（データソース）Iberdorola: Integrated Report 2017 (2017)

https://www.iberdrola.com/wcorp/gc/prod/en_US/inversores/

docs/IA_IntegratedReport17.pdf

（データソース）E-on: Facts and Figures 2017 (2017)

https://www.eon.com/content/dam/eon/eon-com/investors/

presentations/Facts_and_Figures_2017.pdf（データソース）

Vattenfall: Annual Sustainability Report 2016 (2017)

https://corporate.vattenfall.com/globalassets/

corporate/investors/annual_reports/2017/

vattenfall_annual_and_sustainability_report_2016_eng.pdf

（データソース）ENEL: Annual Report 2016 (2017)

https://www.enel.com/content/dam/enel-com/governance_pdf/

reports/annual-financial-report/2016/Annual_Report_2016.pdf

図2-2-4　（データソース）DEI: Annual Report 2016 (2017)

https://www.dei.gr/en/i-dei/enimerwsi-ependutwn/etisia-deltia/

etisios-apologismos-2016

それ以外は図1-2-3と同じ

図2-2-5　（出典）ISO-RTO Council (IRC): About the IRC

http://www.iso-rto.org/about/default

参考資料 ｜ 125

表2-2-2　参考文献[7]，[9]および図2-2-1と同じ

図3-1-1　（データソース）電気事業連合会Infobase2016
www.fepc.or.jp/library/data/infobase/pdf/infobase2016.pdf

図3-1-2　（データソース）北海道電力: 企業・IR情報 電源構成・設備デー
タ（2017年3月現在）
http://www.hepco.co.jp/corporate/company/
ele_power.html#TRANSITION
（データソース）東北電力グループ: CSRリポート2017 (2017)
http://www.tohoku-epco.co.jp/csrreport//pdf/
now2017_shosai_64-80.pdf
（データソース）東京電力: 数表で見る東京電力 電力供給設備
1軒あたりの停電時間（2016年度末現在）
http://www.tepco.co.jp/corporateinfo/illustrated/
electricity-supply/forced-outages-minutes-j.html
（データソース）中部電力グループ: アニュアルリポート2017
(2017)
https://www.chuden.co.jp/resource/corporate/
csr_report_2017_all_2.pdf
（データソース）北陸電力: 北陸電力グループの現状2017 (2017)
http://www.rikuden.co.jp/corporate/attach/csrgroup2017.pdf
（データソース）関西電力: 数字で見る関西電力 1軒当たりの停
電時間
http://www.kepco.co.jp/corporate/profile/data/teiden_jikan.html
（データソース）よんでんグループ: アニュアルリポート 四国
電力事業・SCR報告書 (2017)
http://www.yonden.co.jp/corporate/csr/report/pdf/
csr_report2017.pdf
（データソース）九州電力: データブック2017 (2017)
http://www.kyuden.co.jp/var/rev0/0099/2698/

data_book_2017_all_e.pdf

図3-1-3　（データソース）CEER: 6TH CEER Benchmarking Report on the Quality of Electricity and Gas Supply ￢￢‒　　Annex A: Electricity - Continuity of Supply (2016)

https://www.ceer.eu/documents/104400/-/-/ 7b028b43-f188-2b86-a89b-f3de2d7f9356

図3-1-4　同上

図3-1-5　EIA: Electric power sales, revenue, and energy efficiency Form EIA-861 detailed data files > 2016年版

https://www.eia.gov/electricity/data/eia861/

図3-2-1　（データソース）経済産業省商務流通保安グループ電力安全課: 平成28年度電気保安統計 (2017)

http://www.meti.go.jp/policy/safety_security/industrial_safety/ sangyo/electric/files/28hoan-tokei.pdf

図3-2-2　同上

図3-2-3　（データソース）CEER: 6TH CEER Benchmarking Report on the Quality of Electricity and Gas Supply ￢￢‒　　Annex A: Electricity - Continuity of Supply (2016)

　　　　（データソース）CEER: 5th CEER Benchmarking Report of the Quality of Electricity Supply (2011)

　　　　（データソース）電気事業連合会 Infobase2016

図3-2-4　（データソース）Richard E. Brown: Electric Power Distribution Reliability, Second Edition, CRC Press (2008)（和訳して筆者修正編集）

図3-3-2　（データソース）ENTSO-E: Working Group Incident Classification Scale, ENTSO-E: "2014 ICS Annual Report" (2015)

図4-1-1　図1-3-1に同じ

図4-1-2　図1-3-2に同じ

参考資料　127

図 4-1-3　図 1-3-1 に同じ

図 4-1-4　図 1-3-2 に同じ

図 4-1-5　図 1-3-1, 図 1-3-2 に同じ

図 4-2-1　加藤政一: 日本の電力系統, 電気設備学会誌, Vol.35, No.12, pp.852-838 (2015) の図を参考に筆者改変

図 4-2-2　（データソース）電力広域的運営推進機関の資料より筆者作成

図 4-2-3　（データソース）東京電力の資料より筆者作成

図 4-2-4　（データソース）ENTSO-E: Transmission System Map より筆者作成

図 4-2-5　同上

図 4-2-6　同上

図 4-2-7　図 4-2-2 と同じ

図 4-3-1　（データソース）ENTSO-E: Operation Handbook A2 – Appendix 2: Scheduling and Accounting（和訳して筆者編集）

図 4-3-2　同上

図 4-3-3　同上

図 4-3-4　50 Hertz:　Balancing, http://www.50hertz.com/en/Markets/Balancing を元に筆者作成

著者紹介

安田 陽 （やすだ よう）

京都大学 大学院 経済学研究科 特任教授
1989年3月、横浜国立大学工学部卒業。1994年3月、同大学大学院博士課程後期課程修了。
博士（工学）。同年4月、関西大学工学部（現システム理工学部）助手。専任講師、助教授、
准教授を経て、2016年9月よりエネルギー戦略研究所株式会社 取締役研究部長。京都大学
大学院 経済学研究科 再生可能エネルギー経済学講座 特任教授。
現在の専門分野は風力発電の耐雷設計および系統連系問題。技術的問題だけでなく経済や
政策を含めた学際的なアプローチによる問題解決を目指している。現在、日本風力エネル
ギー学会理事。IEA Wind Task25（風力発電大量導入）、IEC／TC88／MT24（風車耐雷）な
どの国際委員会メンバー。
主な著作として「送電線は行列のできるガラガラのそば屋さん？」、「再生可能エネルギーの
メンテナンスとリスクマネジメント」、「世界の再生可能エネルギーと電力システム　風力
発電編」（インプレスR&D）、「日本の知らない風力発電の実力」（オーム社）、翻訳書（共
訳）として「洋上風力発電」（鹿島出版会）、「風力発電導入のための電力系統工学」（オーム
社）など。

◎本書スタッフ
アートディレクター/装丁： 岡田 章志＋GY
デジタル編集： 栗原 翔

●お断り
掲載したURLは2018年4月30日現在のものです。サイトの都合で変更されることがあります。また、電子版では
URLにハイパーリンクを設定していますが、端末やビューアー、リンク先のファイルタイプによっては表示されない
ことがあります。あらかじめご了承ください。
●本書の内容についてのお問い合わせ先
株式会社インプレスR&D　メール窓口
np-info@impress.co.jp
件名に「『本書名』問い合わせ係」と明記してお送りください。
電話やFAX、郵便でのご質問にはお答えできません。返信までには、しばらくお時間をいただく場合があります。な
お、本書の範囲を超えるご質問にはお答えしかねますので、あらかじめご了承ください。
また、本書の内容についてはNextPublishingオフィシャルWebサイトにて情報を公開しております。
https://nextpublishing.jp/

●落丁・乱丁本はお手数ですが、インプレスカスタマーセンターまでお送りください。送料弊社負担 てお取り替えさせていただきます。但し、古書店で購入されたものについてはお取り替えできません。
■読者の窓口
インプレスカスタマーセンター
〒101-0051
東京都千代田区神田神保町一丁目105番地
TEL 03-6837-5016／FAX 03-6837-5023
info@impress.co.jp
■書店／販売店のご注文窓口
株式会社インプレス受注センター
TEL 048-449-8040／FAX 048-449-8041

世界の再生可能エネルギーと電力システム　電力システム編

2018年5月25日　初版発行Ver.1.0（PDF版）

著　者　安田 陽
編集人　宇津 宏
発行人　井芹 昌信
発　行　株式会社インプレスR&D
　　　　〒101-0051
　　　　東京都千代田区神田神保町一丁目105番地
　　　　https://nextpublishing.jp/
発　売　株式会社インプレス
　　　　〒101-0051　東京都千代田区神田神保町一丁目105番地

●本書は著作権法上の保護を受けています。本書の一部あるいは全部について株式会社インプレスR&Dから文書による許諾を得ずに、いかなる方法においても無断で複写、複製することは禁じられています。

©2018 Yoh Yasuda. All rights reserved.
印刷・製本　京葉流通倉庫株式会社
Printed in Japan

ISBN978-4-8443-9825-7

 NextPublishing®

●本書はNextPublishingメソッドによって発行されています。
NextPublishingメソッドは株式会社インプレスR&Dが開発した、電子書籍と印刷書籍を同時発行できるデジタルファースト型の新出版方式です。https://nextpublishing.jp/